타니타 직원식당

타니타

**세계 1위 체지방계 회사
직원들의 다이어트 레시피**

직원식당

體脂肪計タニタの社員食堂

타니타 지음 | 지희정 옮김

어바웃어북

차림표

두 번째 코스.
날마다 새로운 정식

521kcal / 염분 3.5g

쓰린 속을 달래는
**뿌리채소와
고기 조림 정식**

479kcal / 염분 3.1g

콜레스테롤을 낮추는
**치킨
피카타 정식**

516kcal / 염분 3.6g

깜박깜박
건망증이 걱정이라면
**삼치
우메보시 찜 정식**

62

423kcal / 염분 3.2g

먹을수록 젊어지는
치킨
올리브유
구이 정식

68

591kcal / 염분 3.1g

우울함을 몰아낼
닭고기와
땅콩 볶음 정식

74

583kcal / 염분 3.3g

아삭아삭
양배추로 칼로리를 잡은
삼치 튀김
샐러드 정식

80

525kcal / 염분 3.5g

쾌변을 위한
닭다리
땅콩버터
구이 정식

86

530kcal / 염분 2.7g

아삭아삭
피로까지 씹어 없애는
아스파라거스와
돼지고기
굴소스 볶음 정식

92

449kcal / 염분 3.6 g

턱까지 내려온
다크서클을 위한
연어
스테이크 정식

98

527kcal / 염분 2.4g

꿈틀꿈틀
활발한 장운동을 위한
레몬 소스를
곁들인
닭튀김 정식

104

535kcal / 염분 2.2g

어질어질
빈혈을 예방하는
단호박
고로케 정식

110

420kcal / 염분 3.2g

탱탱한
동안 피부를 위한
닭다리
참깨 구이 정식

116

554kcal / 염분 3.5g

오늘부터 입병 안녕~
와인 소스를 뿌린
돼지고기
구이 정식

122

474kcal / 염분 3.8g

찌뿌둥한 몸이
기지개를 켜는
닭고기 레드와인
조림 정식

128

511kcal / 염분 2.5g

혈당 잡는 사냥꾼
중국식 두부 야채
조림 정식

134

555kcal / 염분 3.6g

으라차차
원기를 보충하는
돼지고기
구이 정식

140

444kcal / 염분 4.1g

피곤한 간에
링거 한 병
오징어
된장 볶음 정식

146

408kcal / 염분 3.5g

더부룩한 속이 뻥 뚫리는
치킨 바비큐
정식

152

538kcal / 염분 2.5g

지친 위를
살포시 감싸는
돼지고기
된장 볶음 정식

158

464kcal / 염분 3.6g

콜레스테롤
킬러들의 만찬
무즙을 얹은
닭고기 구이 정식

164

567kcal / 염분 3.8g

암을 이기는 한 끼
닭고기
땅콩 탕수육 정식

170

557 kcal / 염분 3.4g

뼈 튼튼 몸 튼튼
방어 간장 구이
정식

176

520kcal / 염분 3.5g

뇌가 즐거워하는
유자향 솔솔
닭고기
구이 정식

182

411kcal / 염분 3.5g

몸이 따뜻해지는
닭가슴살
데리야키 정식

188

475kcal / 염분 3.5g

몸을 정화시키는
디톡스 밥상
두부
스테이크 정식

194

460kcal / 염분 2.8g

피를 맑게 해주는
두부 버거 정식

200

501kcal / 염분 3.5g

집나간 기억력을 찾아주는
칼칼한
꽁치 조림 정식

206

487kcal / 염분 3.9g

'머릿속 딱따구리'
편두통을 내쫓는
고등어
된장 조림 정식

212

563kcal / 염분 2.8g

침침한 눈을
환하게 해주는
시금치 소스를
얹은 닭가슴살
스테이크 정식

218

446kcal / 염분 3.8g

장을 깨끗하게 만드는
탄두리
치킨 정식

224

483kcal / 염분 3.4g

원기 보충!
저칼로리 영양식
삼치와
코티지치즈 구이
정식

230

Special.
요리 맛은
살리고
칼로리는
낮춘 소스

반찬이 필요 없는 한 그릇 요리

234

385kcal / 염분 2.2g

야채로 꽉 채운
한 그릇 요리
매콤한 두부 덮밥

236

470kcal / 염분 3.3g

국물이 끝내주는
돼지고기
김치 우동

238

512kcal / 염분 1.8g

옥수수가 톡톡 씹히는
토마토
드라이 카레

240

108kcal / 염분 1.0g

매콤한 향이
입맛을 돋우는
카레 크림 스프

242

544kcal / 염분 2.7g

고소한 향에 침이 꿀꺽!
아보카도와
치즈 카레

244

431kcal / 염분 1.9g

매실향이 솔솔 풍기는
닭고기 덮밥

246

53kcal / 염분 0.8g

꽁꽁 얼어붙은 마음도
녹여주는
밀크 포타주

248

549kcal / 염분 1.8g

오독오독 견과류가 씹히는
오키나와식
타코 라이스

250

547kcal / 염분 1.8g

언제 먹어도 질리지 않는
소박한 맛
대두 드라이 카레

252
462kcal / 염분 1.3g

건강한 속임수
두부 카레 덮밥

254
505kcal / 염분 2.5g

쫄깃쫄깃 달콤한
닭가슴살과
버섯 카레

256
504kcal / 염분 3.0g

보드라운 달걀이
면을 감싸는
파와 버섯 우동

258
479kcal / 염분 2.0g

"먹어봐요. 뽀빠이!"
시금치
드라이 카레

260
127kcal / 염분 1.2g

바다가 생각나는
따끈한 스프
야채 해산물
차우더

262
506kcal / 염분 4.2g

새콤하고 시원한
김치 비빔냉면

264
525kcal / 염분 3.1g

엄마의 손맛이 생각나는
야채 우동

266
550kcal / 염분 2.4g

더위에 잃은
입맛을 찾아주는
여름 채소로
만든 카레

268
68kcal / 염분 1.3g

남은 야채로 만드는
이탈리아 가정식
미네스트로네

Special.
식재료를 남김없이 활용하기 위한 리스트 270

첫 번째 코스.

어서 오세요,
타니타 식당입니다

하루 한 끼
직원식당 밥이 가져온 기적

대기업병에 걸린 타니타

회사의 홍보 담당자 이노 마사히로와 이야기를 나누던 사장의 얼굴이 어두워졌다.

"타니타는 세간에서 말하는 대기업은 분명 아닙니다. 하지만 체지방계가 히트한 이후 대기업병을 앓고 있습니다. 기본적으로 '공격적인 자세'가 아니라 '대기 자세'입니다. 우리는 여전히 작은 회사에 불구한데도 말입니다. 심지어 신제품을 출시하고도, 나서서 제품을 알리려고 하기 보다는 언론에서 취재 요청이 들어오기를 기다리는 지경입니다. 이대로는 회사의 앞날을 장담할 수 없습니다."

타니타는 1992년 세계 최초로 체지방계를 출시한, 업계에서는 독보적인 1위 기업이었다. 하지만 건강에 관심 없는 사람들에게는 여전히 생소한 기업이었다. 홍보 담당자 마사히로는 타니타 홍보팀에 들어오기 전까지 신문사에서 기자로 일했다. 기자 특유의 객관적이고 날카로운 분석을 기대하며 마사히로와 면담을 시도했던 사장은 그의 입에서 '대기업병'이라는 단어가 나오자, 정신이 아득해졌다.

'대기업병이라……. 무엇이 문제인 걸까?'

점심시간이 시작된 줄도 모르고 이야기를 나누던 사장과 마사히로는 직원식당에서 식사하며 이야기를 계속하기로 했다. 국내외 출장이 잦은 사장이 직원식당을 방문한 것은 몇 개월 만의 일이다.

직원들이 외면하던 직원식당

타니타 직원식당은 1999년 본사 건물 1층에 문을 열었다. 가정용 소형 체중계나 요리용 저울 등을 제조하던 타니타는 세계 최초로 체지방계를 만들며 '체중이 아닌 건강을 측정한다'는 모토 아래 헬스 케어 기업으로 변신하고자 노력 중이었다. 캠페인의 일환으로 1990년 타니타 본사에 '베스트 웨이트 센터(best weight center)'를 열고 지역 주민이나 비만을 치료하고 싶은 사람들을 대상으로 식습관과 운동 등을 지도하면서 식사를 제공하기 시작했다. 이 식사를 직원들에게도 제공한 것이 직원식당의 전신(前身)이다.

한참 식사 중인 직원들로 붐비어야 할 직원식당은 한산했다. 비만 치료차 식당을 방문한 지역 주민 틈에서 식사하고 있는 직원은 채 이십여 명이 되지 않았다. 오늘의 메뉴는 닭가슴살 샐러드와 현미 주먹밥이었다. 메뉴를 보자 가장 먼저 든 생각은 '아! 맛없겠다'. 한눈에도 퍽퍽해 보이는 닭가슴살이 몇 조각 들어 있는 야채 샐러드와 소금으로만 간을 하고 김을 두른 주먹밥이 전부였다. 배는 고팠지만 식욕이 느껴지지 않았다.

직원들의 생각도 사장과 크게 다르지 않아 보였다. 적은 양이 제공되었음에도 불구하고 남기는 사람들이 많았다. 행복해야할 점심시간, 식사를 하는 직원들의 표정은 하나같이 불만이 가득해 보였다.

'비만 타도!'를 외치던 회사가 비만의 온상

대충 식사를 마치고 직원식당을 나서는 사장의 눈에 밖에서 점심을 먹고 삼삼오오 회사로 들어서는 직원들의 모습이 보였다. 아랫배가 임산부 마냥 볼록한 총무팀의 K, 셔츠가 금방이라도 터질 것 같은 상품개발팀의 P, 쌀쌀한 날씨에도 연신 땀을 닦아내느라 바쁜 영업팀의 M, 헐렁한 옷으로 배와 엉덩이를 가린 인사팀의 L……. 소비자에게 '비만은 암과 같은 질병'이라며 다이어트를 독려하는 회사에 몸담고 있는 사람들의 몸이라고 말하기 부끄러울 정도였다.

'다른 사람 눈 속의 티를 나무라면서, 내 눈 속의 들보를 보지 못했구나!'

이 모순을 해결하는 것이 정체된 회사를 변화시킬 수 있는 첫 번째 과제임을 사장은 깨달았다. 사장은 다음날부터 매일 직원식당에서 점심을 먹으며 직원식당의 문제점을 찾기 시작했다.

"맛없다!"

"마치 병원 환자식 같다."

"직원식당 밥을 먹고는 배가 고파서 도저히 일을 할 수 없다!"

직원들의 불만도 꼼꼼히 체크했다.

그동안 칼로리와 염분을 낮춘 조리법만을 중시했기 때문에 직원식당 음식은 싱겁고 양도 무척 적었다. 어떤 날은 빵과 반찬 한 접시만 나오는 날도 있었다. 그리고 음식의 종류와 가짓수도 다양하지 못했다.

'Low-Calorie, Low-Salt, Low-Fat'
하루 한 끼 직원식당 밥이 가져온 기적

사장은 영양사들과 머리를 맞대고 고민했다. 저칼로리와 저염분이라는 원칙은 지키되, 맛있고 배불러야 한다는 조건을 충족시킬 수 있는 음식과 조리법을 연구했다. 가공식품은 되도록 사용하지 않고 색감이나 맛, 계절감을 충분히 느낄 수 있는 메뉴를 선정하기 위해 노력했다. 또 고기 요리와 덮밥, 튀김도 제공했다. 일본식 뿐 아니라 동남아시아, 유럽, 아프리카 등 세계 각지의 대표적인 요리를 메뉴에 넣었다. 식욕을 돋우기 위해 과일이나 색감 있는 야채를 곁들여 시각적인 면도 꼼꼼히 챙겼다.

이제 문제는 직원식당에 발길을 끊은 직원들을 돌아오게 하는 일이었다. 식단표를 통해 그날그날 식사를 통해 얻을 수 있는 효과를 명확히 제시했다. 예를 들어 어떤 날은 당뇨병 예방, 어떤 날은 변비 해소, 또 어떤 날은 칼슘 보충을 위한 식단을 제공했다.

기존에 다이어트 때문에 직원식당을 찾던 여직원들이 새롭게 정비한 메뉴를 통해 체중 감량, 변비 해소, 뾰루지 감소 등의 변화를 체험하면서 직원식당이 직원들의 입에 오르내리는 일이 잦아졌다. 회사에서는 타니타의 주력 상품이기도 한 만보기(萬步機)를 직원들에게 제공하고, 누가 더 많이 걸었는지, 누가 섭취 칼로리를 더 많이 줄였는지 경쟁하게 했다.

직원식당 메뉴를 정비한 지 1년. 1년 동안 직원식당 밥을 꾸준히 먹은 총무팀의 미즈시나 미사유키가 1년 만에 21킬로그램을 감량하는 놀라운 일이 벌어졌다. 이제 직원식당은 발 딛을 틈 없이 붐비게 되었다. 그리고 식당 이용자들 대부분이 체중 변화, 콜레스테롤 수치 변화, 신체 연령 변화 등 몸에 긍정적인 변화가 생겼다. 또 어떤 사람은 감기에 잘 걸리지 않게 되었다고도 한다. 이제 직원식당은 '식사를 바꾸면 몸도 변한다'는 사실을 증명하는 식당이 되었다.

변화는 직원들의 몸에만 나타나지 않았다. 직원들은 음식에 관한 의견을 서로 교환할 정도로 건강 전문가가 되었다. 스스로 몸을 관리하며 느낀 점과 떠오른 아이디어는 부서를 막론하고 제품에 반영될 수 있도록 노력했다. 또 대다수의 직원이 매일 아침식사를 거르지 않게 되었다. 아침에 죽 한 그릇이라도 꼭 먹어야 하루 식사가 균형 잡힐 수 있다는 의식이 자리 잡았다. 건강을 찾은 직원들 덕분에 회사는 활기를 띠게 되었다.

일본 열도에 '직원식당 다이어트' 붐을 일으키다!

2009년 타니타 직원식당은 NHK의 〈샐러리맨 NEO〉 프로그램 중 '세계의 직원식당' 코너를 통해 일본 전역에 공개되었다. 그리고 지금 여러분이 보고 있는 책을 통해 485만 명의 독자와 만나며 일반인들이 밥을 먹어보기 위해 '직원식당 투어'를 오는 명소가 되었다. 수려한 문장력을 자랑하는 작가의 작품이 아닌, 회사 식당의 다이어트 레시피 책이 곧 있으면 500만 부 돌파를 눈앞에 둔 또 다른 기적이 일어난 것이다. 이 책이 국민소설가 무라카미 하루키의 『1Q84』를 누르고 종합 베스트셀러 1위에 오를 거라고 누가 상상이나 했겠는가? 출간된 지 2년이 지나도 열풍이 그칠 줄 모르는 이 책은 2012년 상반기에도 일본 종합 베스트셀러 1위에 올랐다(2012년 상반기 누적 집계).

또 2012년 1월에는 "직원 이외에도 먹을 장소를 제공해주세요"라는 독자들의 성원에 부응해 도쿄 마루노우치에 '마루노우치 타니타 직원식당'이라는 이름의 레스토랑을 열었다. 점심시간인 11시에 맞춰 문을 여는 레스토랑 밥을 먹기 위해 아침 8시부터 줄을 서는 진풍경이 벌어지기도 했다. 6월에는 직원식당 밥의 건강 효과와 맛을 인정한 의사와 간호사들의 요청으로 동일본 관동 병원에 2호 레스토랑을 열었다. 2호 레스토랑은 병원 환자와 가족, 직원, 지역 주민들이 함께 이용하고 있다.

하루 한 끼의 '저칼로리, 저염분, 저지방' 밥상은 '비만'이라는 직원들이 가진 병과 '안주'라는 회사가 가진 병을 낫게 하는 기적을 만들어냈다.

다이어트의 삼박자, 'Low-Calorie, Low-Salt, Low-Fat'

비만은 고혈압, 고지혈증, 당뇨병 등 성인병의 근원으로, 비만 자체가 평생 관리해야 할 '질병'이다. 비만을 앓고 있는 사람 수가 증가한 이유는 삶의 질이 향상되면서 영양 섭취는 풍부해진 반면 그에 반해 운동량은 턱없이 부족해졌기 때문이다. 1분 1초가 생존과 직결되는 삶을 살고 있는 현대인이 건강을 위해 운동을 하기란 현실적으로 쉽지 않다. 그러다 보니 잉여된 영양이 몸속에 쌓여 비만으로 이어지고 있다. 그래서 다이어트와 건강을 위해 가장 먼저 바꿔야 하는 것이 식습관이다.

타니타의 영양사들이 식단을 짜거나 조리법을 고민할 때 반드시 염두에 두는 것이 세 가지가 있다. 바로 '저칼로리', '저염분', '저지방'이다. 타니타의 모든 레시피에는 반드시 칼로리와 염분이 표시되어 있다. 살을 빼기 위해 쓰고 남은 칼로리가 몸속에 쌓이지 않도록 매일 섭취하는 칼로리를 줄여야 한다는 것은 이해되는데 염분 즉, 소금과 비만은 무슨 관계가 있는 걸까?

소금은 음식의 맛을 내는 가장 대표적인 조미료다. 먹는 소금은 '식염'이라고 해서 나트륨 40퍼센트, 염소 60퍼센트로 구성되어 있다. 나트륨과 염소 중 고혈압 등 질병과 관련 있는 성분은 나트륨이다. 나트륨은 체액이나 혈액의 양을 유지시켜 우리 몸에 일정한 양의 산소와 영양분을 공급하고, 신경 자극 전달 과정에 관여하며, 세포막을 통해 이동하면서 포도당과 아미노산 흡수에도 관여한다. 나트륨은 생명 유지를 위해 꼭 필요한 성분이다. 하지만 우리 몸의 생리 작용에 필요한 나트륨은 하루 1그램 미만의 소금이면 충분하다.

세계보건기구(WHO)의 하루 나트륨 섭취 권장량은 2000밀리그램(소금 5그램) 이하다. 이 양은 소금 2분의 1큰술, 간장 1큰술, 된장 2큰술, 고추장 2큰술에 해당한다. 그러나 한국인의 하루 나트륨 섭취량은 4878밀리그램으로, 세계보건기구의 하루 섭취 권장량의 2.4배에 달한다.

나트륨은 식욕을 조절하는 호르몬인 그렐린(ghrelin)과 랩틴(leptin) 분비에

자주 먹는 외식 음식 나트륨 함량

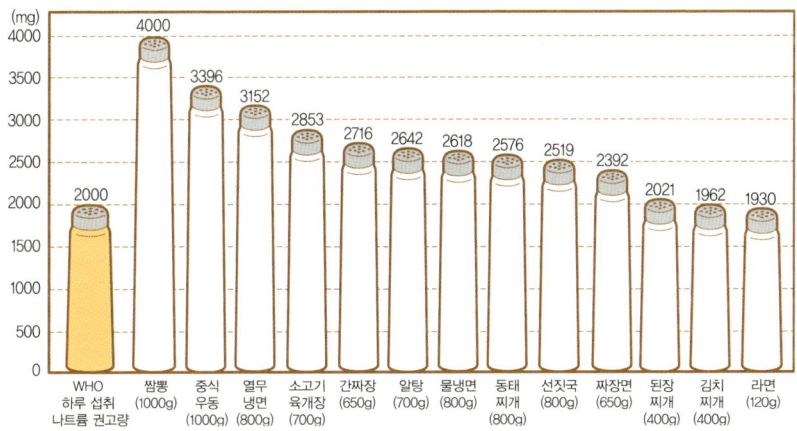

* ( ) 안의 수치는 1인분 중량, 출처 : 식품의약품안전청

음식	나트륨 함량(mg)
WHO 하루 섭취 나트륨 권고량	2000
짬뽕 (1000g)	4000
중식우동 (1000g)	3396
열무냉면 (800g)	3152
소고기육개장 (700g)	2853
간짜장 (650g)	2716
일탕 (700g)	2642
물냉면 (800g)	2618
동태찌개 (800g)	2576
선짓국 (800g)	2519
짜장면 (650g)	2392
된장찌개 (400g)	2021
김치찌개 (400g)	1962
라면 (120g)	1930

영향을 미친다. 일명 '식탐 호르몬'이라고 불리는 그렐린은 위장에서 분비되는 호르몬으로 분비량이 늘어나면 식욕을 느끼게 된다. 반대로 지방 세포에서 만들어져 분비되는 물질인 렙틴은 식욕을 억제하는 역할을 한다. 나트륨 섭취가 많아지면 그렐린의 분비는 활발해 지고, 렙틴의 분비는 줄어든다.

우리 몸은 나트륨을 한꺼번에 많이 배설할 수 없다. 몸속에 나트륨이 많으면 나트륨을 희석하기 위해서 주변에서 물을 많이 끌어오게 된다. 몸속에 수분이 지나치게 많아지면 세포 크기가 늘어나게 된다. 밤늦게 라면을 먹고 자면 얼굴이 붓는 이유도 이 때문이다. 또 나트륨이 물을 끌어당겨 혈액의 양이 증가하면 혈압이 상승해서 고혈압, 고지혈증, 뇌졸중 등 심혈관 질환의 원인이 되기도 한다.

적당한 양의 소금은 음식의 맛을 살리고 우리 몸이 제대로 기능할 수 있게 돕는다. 그러나 몸이 필요로 하는 것 이상으로 소금을 과다하게 섭취한다면, 소금이 생명을 위협하는 '소금의 역습'이 시작될 수도 있다. 부은 건지 살이 찐 건지 분간이 안 될 만큼 늘 몸이 부어 있고, 식사량을 줄여도 체중에 변화가 없고, 식재료 본연의 맛이 낯설다면 이미 소금의 역습이 시작된 것이다. 건강을 위해서도 다이어트를 위해서도 지금 당장 입맛을 환골탈태(換骨奪胎)해야 한다.

살 빠지는
배부른 밥상의 비결

'기름과 염분, 칼로리는 줄이되 맛있고 배불러야 할 것'이 타니타 직원식당 레시피의 철칙이다. 배고픔을 고통스럽게 참거나 맛을 포기한 채 건강을 위해 두 눈 딱 감고 먹는 것이라면, 결코 오래 지속할 수 없기 때문이다. 일상적으로 매일 사용하는 조리법 가운데 건강과 먹는 사람의 만족감, 이 모두를 충족시킬 수 있는 간단한 비결을 소개한다.

기름을 줄이는 비결
칼로리를 좌우하는 '기름기'는 조리할 때 조금만 신경을 쓰면 상당량 줄일 수 있다.

- 고기는 지방과 껍질을 제거하고, 유부나 어묵의 기름기는 키친타월 등으로 닦아낸 다음 조리한다.
- 기름을 두르고 사용하는 프라이팬 대신 석쇠나 오븐 등을 활용하면 불필요한 지방 섭취를 줄이고 칼로리를 낮출 수 있다.

- 요리할 때 계량 스푼을 사용하면 지나친 기름 사용을 막을 수 있다. 테플론 코팅을 한 프라이팬을 쓰면 기름 사용량을 조금 더 줄일 수 있다.

염분을 줄이는 비결

고혈압이나 부종의 원인이 되는 염분은 감칠맛을 살리고 맛의 강약을 조절하면 충분히 줄일 수 있다.

- 국물 요리나 조림은 멸치, 다시마, 양파, 버섯, 등의 천연 재료로 육수를 내서 사용하면 좋다. 육수를 활용하면 깊은 맛이 나기 때문에 소금이나 간장을 적게 사용해도 감칠맛이 증가한다(육수 만드는 방법은 38쪽 참고).
- 후추나 고춧가루, 청양고추와 같은 매콤한 양념을 사용하면 맛에도 강약이 생긴다. 또 식초를 사용해도 소금을 덜 쓸 수 있다.
- 깻잎, 양파, 파 등 향신채소를 사용하면 양념과 같은 효과를 내기 때문에 소금을 적게 사용해도 만족도가 높아진다.
- 음식 표면에만 살짝 짠맛을 입혀도 입안에서는 충분히 짭조름한 맛을 느낄 수 있다. 예를 들어 생선 조림을 할 때 처음부터 간장을 넣지 말고 생선이 거의 익었을 때 생선 겉에만 양념이 살짝 묻게 한다. 맛에는 큰 차이가 없으면서 소금 섭취는 줄일 수 있다.
- 뜨거울 때 간을 하면 맛을 구분하기 어렵다. 간은 먹기 직전에 한다.
- 칼륨은 나트륨을 몸 밖으로 배출하는 기능을 한다. 평소 칼륨 함량이 높은 고춧잎, 늙은 호박, 단호박, 물미역, 미나리, 부추, 쑥갓, 시금치, 아욱, 양송이, 죽순 등의 야채를 많이 먹도록 한다. 커피나 술, 설탕은 칼륨을

몸 밖으로 배출시키므로 많이 섭취하지 않도록 한다.

• 음식 간은 소금으로만 하기보다 간장과 된장을 섞어서 한다. 간장과 된장에는 여러 가지 아미노산 물질이 들어 있어 음식에 풍미를 더해준다. 그래서 소금으로만 간을 할 때보다 나트륨을 덜 쓰게 된다.

칼로리를 낮추는 비결

영양은 풍부하면서 칼로리는 낮은 식품을 활용하면 배불리 먹으면서도 섭취 칼로리를 줄일 수 있다.

• 두부 등 콩으로 만든 식품을 활용하고, 고기는 닭가슴살, 돼지등심 등 기름이 적은 부위를 써서 음식의 칼로리를 낮춘다. 또 흰살 생선 등의 담백한 생선을 자주 이용한다.

• 아무리 샐러드를 열심히 먹어도 마요네즈나 오일 베이스의 고칼로리 드레싱을 잔뜩 뿌려먹으면 소용없다. 간장이나 식초, 플레인 요구르트 등으로 맛을 낸 저칼로리 드레싱을 사용하거나 드레싱 없이 야채 본연의 맛을 즐기는 것이 좋다.

• 음식양은 음식이 담기는 접시나 그릇의 크기에 영향을 받는다. 밥 그릇, 국그릇, 숟가락의 크기를 줄이면 음식 섭취량을 자연스럽게 줄일 수 있다.

포만감을 높이는 비결

적게 먹고도 배불리 먹었다는 느낌이 드는 비법은 의외로 간단하다.

- 어떤 요리에든 잎채소 뿐 아니라 뿌리채소, 깨 등 야채를 반드시 넣어서 씹는 횟수를 늘린다. 음식을 꼭꼭 씹으면 포만중추를 자극해 뇌에서 배가 부르다고 착각하게 된다. 뇌에서 느낀 포만감은 1시간가량 지속된다.

- 메인 음식과 반찬의 식감과 맛을 다양하게 한다. 음식의 가짓수가 많더라도 식감과 맛이 비슷하면 한 가지 음식을 먹은 느낌이다. 참깨, 옥수수, 콩처럼 작은 알갱이를 톡톡 씹어 먹을 수 있는 채소도 식감에 재미를 줄 수 있는 좋은 재료들이다.

- 다시마, 양배추, 토란, 아스파라거스, 곤약 등 칼로리가 낮고 섬유질이 풍부해서 쉽게 포만감을 줄 수 있는 식품을 활용한다.

- 포만감은 만족감과 동일하다. 그래서 '눈으로 먹는' 부분도 매우 중요하다. 색의 배합이나 계절감을 잘 활용해서 보기만 해도 기분이 좋아지는 요리를 만드는 방법을 연구한다.

- 횟집에서 회를 담을 때 접시에 무 생채를 수북하게 깔고 그 위에 회를 올리듯이 음식을 담을 때도 식각적인 트릭이 필요하다. 적은 양의 음식을 순백의 무늬 없는 그릇에 담으면 음식이 더 적게 느껴진다. 무늬나 색감이 있는 그릇을 사용하면 적은 양의 음식으로도 풍성한 느낌을 줄 수 있다.

하루 한 끼 직원식당 밥으로
1년에 20킬로그램 감량 성공!

"먹기만 해도 몸이 달라진다!"

타니타 직원식당을 이용하는 직원이 입을 모아 이야기하는 직원식당 밥의 효과다. 하루 한 끼 직원식당 밥을 열심히 먹은 것뿐인데 놀랄만한 변화가 생긴 세 명의 생생한 감량 보고서를 공개한다.

1년 만에 20킬로그램을 감량한 특급 사원!

총무팀 · 인사팀 미즈시나 미사유키(水品昂之) : 35세 / 170센티미터

-21kg

Before 85kg　　　　After 64kg

덮밥이나 라면, 스파게티 등 무거운 음식은 아침이나 점심 식사로 먹고 있습니다. 저녁에는 위를 쉬게 하는 편이 건강에도 좋을 것 같아서요. 나름대로 연구해가며 즐겁게 먹고 있습니다.

1인분이 식판 한 개에 담을 수 있는 분량이었다니!

저는 대학에 입학할 때까지 운동부 생활을 했습니다. 집에서도 늘 많이 먹으라고 권하는 분위기였죠. 그 때문인지 늘 배가 꽉 찰 때까지 먹었습니다. 대학 졸업을 앞두고는 연구실에 틀어박혀 있다 보니 운동량도 급격히 감소했습니다. 평소 한 번에 편의점에서 파는 도시락 3인분에 빵이나 컵라면까지 함께 먹었습니다. 그 정도가 제게는 1인분이었습니다. 어느 날 정신을 차리고 보니, 스무 살에 몸무게가 90킬로그램이 넘었습니다.

입사하면서 '1년 동안 10킬로그램을 감량하겠다'며 다이어트를 선언했습니다. 먼저 책, TV, 잡지, 친구들을 통해서 효과가 좋다는 다이어트 정보들을 잔뜩 수집했습니다. '하루 세 끼 고기만 먹어라, 닭가슴살에 야채 샐러드만 먹어라, 온갖 야채를 넣고 끓인 스프를 밥 대신 마셔라.' 그대로 따라 하기만 하면 살이 쑥쑥 빠진다는 다이어트 방법들은 도저히 따라할 엄두가 나지 않는 무시무시한 것뿐이었습니다.

다이어트만 선언하고 방법을 정하지 못해 고민할 때 선배들의 권유로 직원식당을 이용하게 되었습니다. 식판 위에 밥과 국, 세 가지 반찬이 놓인 것을 보고 '아! 1인분은 식판 한 개에 담을 수 있을 정도의 분량이구나!' 하며 깜짝 놀랐습니다.

체중 계측도 칼로리 계산도 의외로 간단하고 즐거웠다!

우선 제가 먹는 양을 체크하고 체중과 체지방을 측정하는 일을 기점으로 다이어트를 시작했습니다. 처음에는 직원식당 밥이 입에 잘 맞지 않았어요. 양도 적고 싱거웠기 때문이지요. 가장 힘든 것은 밥 먹을 때 식탁에 타이머를 올려놓고 30분 간 천천히 식사하는 일이었습니다. 편의점 도시락 3인분을 다 먹는데도 10분이 걸리지 않았는데, 훨씬 적은 양을 천천히 먹어야 하니 정말 고역이었습니다. 하지만 한 일주일 쯤 지나고나니 늘 더부룩하던 뱃속이 편안해지고, 몸이 가벼워지는 느낌이 들었습니다.

집에서도 아침과 저녁으로 타니타 식당의 조리법을 흉내 내서 스스로 만들어 먹었습니다. 기름기를 줄이고 과자 같은 군것질과 야식을 끊고, 칼로리를 계산하며 먹기 시작한 것이지요. 그 결과 85킬로그램이었던 몸무게는 1년 만에 21킬로그램이나 감소해, 현재 64킬로그램 전후의 몸무게를 유지하고 있습니다.

살이 빠지며 가장 많이 듣게 된 이야기가, "살이 빠지니 완전히 다른 사람처럼 보인다"는 것입니다. 물론 현재의 모습이 훨씬 젊고 좋아 보인다고들 합니다. 그 다음으로 "다이어트를 하느라 얼마나 힘들었냐?"는 말을 많이 들었습니다. 하지만 실제로는 전혀 그렇지 않았습니다. 매일 몸 상태와 음식의 칼로리를 측정하고 기록하는 일은 의외로 간단했습니다. 게다가 수치의 변화를 보는 일 자체가 즐겁고 만족스러웠습니다. 직원식당에서도 날마다 새로운 음식이 나왔기 때문에 '오늘 메뉴는 뭘까?' 기대하며 식당으로 향할 수 있었습니다.

이제 저는 그동안 몸무게 때문에 쉽게 도전할 수 없었던 마라톤도 시작하고, 하루하루를 더욱 건강하게 보내고 있습니다.

영업하면서 찐 살을 고통 없이 감량!

베스트 웨이트 사업부장 우치다 리스케(内田利典) : 51세 / 181센티미터

Before 88kg

-9kg

After 79kg

영업을 할 때는 식사 시간도 불규칙하고, 점심은 외식에 의존할 수밖에 없었습니다. 현재 부서로 이동하고 직원식당 밥을 먹으며 건강이 좋아진 것은 물론이고, 몸무게가 확 줄었습니다. 다만 영업할 때보다 운동량이 줄어들어서 요즘에는 하루 동안 만보 걷기를 생활 속에서 실천하려고 노력합니다.

하루 한 끼만 바꿔도 놀랄만한 효과를 얻을 수 있다!

영업팀에서 일하다가 지역 주민과 비만 환자를 상대로 영양과 운동 교육을 하는 베스트 웨이트 부서로 이동한지 3년째입니다. 영업팀에서 일할 때는 업무의 특성상 식사 시간이 일정치 않았고 점심식사는 대부분 밖에서 해결했습니다. 또한 덮밥이나 기름진 식사가 대부분이었죠. 게다가 밤에는 반주를 즐기기도 했습니다. 시중에서 파는 반찬 2~3봉지를 안주 삼아 한꺼번에 먹다보니 영양적인 균형도 무너졌습니다.

부서를 이동 한 다음 정시에 점심식사를 할 수 있게 되면서부터, 직원식당을 이용하기 시작했습니다. 그러자 놀랍게도 몸이 훨씬 가벼워졌습니다. 싱거운 음식에 적응하기까지 시간이 좀 걸렸습니다. 밖에서 먹을 때는 늘 "여기 소스 좀 더 주세요!"를 외칠 정도로, 짠 음식을 좋아했기 때문입니

다. 게다가 소화가 잘 돼서인지 오후 3시쯤 되면 배가 고파서 혼났지요. 하지만 차츰 싱거운 맛에도 익숙해지더군요. 그 전까지 양념 맛으로 음식을 먹었다면 이제는 야채나 고기 등 음식에 들어간 재료의 맛을 하나하나 느끼며 먹고 있습니다. 그 결과 1년 반만에 9킬로그램을 감량했습니다! 놀랍게도 하루 한 끼지만 제대로 된 식사를 했더니 몸무게가 정상에 가까워졌습니다. 97센티미터이던 허리둘레도 지금은 87센티미터로 줄었습니다. 그야말로 모든 것이 순조롭게 진행되고 있습니다.

점심 빼고 마음껏 먹었는데도 4개월 만에 3킬로그램 감량!

광고팀 도미마쓰 슌스케 (富增俊介) : 36세 / 171센티미터

-3kg

Before 75kg　　　　After 72kg

직원식당 덕분에 끔찍이 싫어하던 두부를 잘 먹게 되었습니다. 점심에 직원식당을 이용하면서 구내염도 깨끗이 낫고 살도 빠졌지만, 좋아하는 라면을 완전히 끊을 수 없었습니다. 먹고 싶은 것을 참아서 스트레스 받기보다는 하루 한 끼 정도는 좋아하는 음식을 먹기로 했습니다.

싱거운 반찬 덕분에 밥 먹는 양이 줄었다!

2009년 회사에 입사해 직원식당 밥을 처음 먹었을 땐 맛도 재료도 뭔가 부족하게 느껴졌습니다. 덕분에 밥은 한 그릇만 살짝 담아서 먹으라는 선배들의 충고를 간단하게 실천할 수 있었죠. 반찬이 싱거워서 밥을 잘 먹을 수 없었거든요. 하지만 스트레스도 다이어트에 큰 적이라는 생각이 들어서, 참는 것만이 능사가 아니라는 판단을 내렸습니다. 저녁에는 좋아하는 라면이나 닭튀김 등을 실컷 먹었습니다. 밤마다 술도 거르지 않고 마셨고요. 그 결과 체중 변화는 없었습니다. 하지만 3주 만에 놀라운 변화가 생겼습니다. 오랫동안 저를 괴롭혔던 구내염이 말끔히 사라진 거예요. 의사 선생님도 깜짝 놀랐습니다. 식당 덕분이라고밖에 생각할 수 없었죠!

또 식당을 이용한지 4개월이 지나고 나서는 몸무게도 3킬로그램 줄어들었습니다. 운동을 전혀 하지 않고 매일 폭음과 폭식을 일삼으면서도 3킬로그램이나 감량하는데 성공한 셈이죠! 이런 제게 선배들은 "이제 자네한테 필요한 건, 운동을 시작하고 라면을 끊는 거야!"라며 어이없다는 표정으로 이야기합니다.

* * *

💬 친구들과 맛있다고 소문난 디저트 카페를 찾아다니는 게 취미였어요. 파스타와 피자 등 이탈리아 음식도 좋아했고요. 그러다보니 해마다 계속 늘어나는 몸무게가 고민이었습니다.

그런데 직원식당을 이용하면서 입맛이 바뀌었습니다. 집에서 식사할 때도 싱거운 맛을 즐기게 되었고, 짜고 기름진 음식을 먹는 게 힘들어졌어

나가시마 치에미(長島千惠美), 관리본부, 20대

요. 가장 큰 변화는 살이 많이 빠졌다는 것입니다. 직원식당 밥을 6개월 동안 먹고 허리사이즈를 2인치나 줄였습니다. 제가 살 빠지는 걸 지켜 본 가족들도 직원식당 밥을 먹고 싶다고 해서, 요즘은 직원식당 레시피를 활용해서 집에서도 요리해 먹고 있습니다.

💬 원래 담백한 음식을 좋아하는 편이어서 밖에서 사먹는 음식이 입에 잘 맞지 않았습니다. 그런데 직원식당 메뉴들은 맛이 담백하고 깔끔해서 즐겁게 이용하고 있습니다. 처음에는 양이 적다고 느꼈지만, 꾸준히 먹다보니 부족하다는 느낌이 사라졌습니다. 아마도 위의 크기가 적당량의 식사에 익숙해진 것 같습니다. 50대로 접어들면서 잠을 충분히 잤음에도 불구하고 아침이

이시노 미치로(石野道郎), 해외영업팀, 50대

면 늘 몸이 찌뿌둥하고, 음식을 먹으면 탈이 나는 일도 잦아졌습니다. 그런데 직원식당 밥을 먹고부터 몸이 한결 개운해지고, 속도 편안해졌습니다. 무엇을 어떻게 먹느냐가 정말 중요하다는 점을 새삼 느끼고 있습니다.

💬 직원식당 음식은 야채의 향을 잘 활용했기 때문인지 싱겁게 간을 했어도 맛있어요. 싱거운 맛에 익숙해지니 집에서도 간장이나 조미료를 덜 사용하게 되었습니다. 또 직원식당을 이용한 뒤부터 제철 식재료에 대해

미야시타 마리코(宮下眞理子),
BH사업팀, 30대

알게 되었습니다.

제 건강 고민은 성인이 되어서도 여전한 피부 트러블이었습니다. 그동안 화장품에 투자한 돈만 해도 작은 차를 한 대 살 수 있을 만큼 어마어마 했습니다. 직원식당 밥을 꾸준히 먹고부터 주위에서 피부 좋아졌다는 이야기를 정말 많이 듣게 되었습니다.

💬 원래는 짜고, 달고, 맵고, 기름진 진한 맛을 좋아했습니다. 하지만 이제는 싱거운 맛에 익숙 해져서 식재료 본연의 맛을 즐길 줄 알게 되었습 니다. 그리고 예전에는 밥을 한 그릇 다 먹어도 허전한 느낌이었는데, 직원식당 밥은 반찬의 양 이 많아서 밥을 수북이 담아 먹지 않아도 포만감 이 느껴집니다.

오사코 나오시(大迫直志),
기술센터, 60대

작년에 회사에서 받은 건강검진 결과 고혈압 진 단을 받았습니다. 의사가 앞으로 혈압 관리를 제대로 하지 않으면 약을 먹 어야할 거라고 주의를 줬었죠. 그런데 올해 건강검진 결과 혈압이 정상 범 위에 가깝게 낮아졌다고 합니다. 특별히 운동을 하거나 약을 먹은 일도 없 는데 혈압이 낮아진 걸 보면, 직원식당 밥이 꽉 막힌 제 혈관을 뻥 뚫어주 었나 봅니다.

칼로리를 낮춘 식단을 떠올리면, 왠지 조리하다만 듯한 음식이나 배부르다고 느끼기에는 턱없이 부족한 양의 식사가 떠오릅니다. 하지만 우리 직원식당 밥은 양도 푸짐하고 튀김, 볶음, 조림 등 저칼로리 식단이라고 믿기지 않을 만큼 조리법에 제약이 없습니다 그래서 저는 늘 부족함 없이 맛있고 배불리 먹고 있습니다.

간노 유코(菅野祐子),
국내영업부, 30대

말하기 좀 부끄럽지만, 직원식당 밥을 먹고부터 3~4일에 한 번씩 보던 변을 매일 비슷한 시간에 고통 없이 개운하게 보고 있습니다.

이시카와 마코토(石川誠)
HL사업부, 30대

자취를 하다 보니 끼니는 적당히 밖에서 때우거나 편의점 도시락을 이용하곤 했습니다. 처음에는 직원식당 밥이 너무 싱겁게 느껴졌습니다. 그리고 야채를 싫어하는데 직원식당 메뉴에는 매일 야채가 들어 있었습니다. 하지만 다른 동료들이 만족스럽게 먹는 걸 보고 제 식습관이 상당히 잘못되었다는 걸 깨달았습니다.

처음에는 '이게 무슨 맛인가?' 싶었던 음식이 차츰 담백하게 느껴지더니, 어느새 싫어하던 야채도 맛있게 먹고 있습니다.

앞치마를 두르며

500칼로리로 포만감을 느끼는 정식

타니타 직원식당의 한 끼는 기본적으로 다섯 가지 음식으로 구성된다. 밥,
국, 메인 요리 한 접시와 반찬 두 가지다. 그리고 과일이 디저트로 제공된다.

국 | 국은 매일 제공되며,
포만감을 위해 빼놓을 수 없는
메뉴다. 물론 염분은 제한했다.

반찬 2 | 메인 요리에서
부족한 영양이나 맛을
보충할 수 있는 재료를 사용한
무침이나 조림, 볶음 등이
제공된다.

밥 | 밥은 백미와 현미,
배아미를 두루 사용한다.
직원식당에서는 밥 옆에
밥의 양을 재는 저울을 항상
준비해둔다.

반찬 1 |
메인 요리 못지않게
든든한 음식이 제공된다. 야채를 즐겨
사용하며, 메인 요리와 맛이나 조리법이
중복되지 않도록 구성한다.

메인 요리 | 고기나 생선, 두부 등의
재료를 사용해 굽기, 튀기기, 찌기 등
다양한 조리법으로 요리한다. 한 끼 식사
전체가 500칼로리라는 것이
믿어지지 않을 만큼 푸짐하다.

36

먹어도 살 안찌는 밥

밥, 메인 요리, 반찬 두 가지, 국으로 구성된 정식의 칼로리를 계산할 때 밥은 100그램 정도(160칼로리)를 기준으로 한다. 밥을 지을 때는 쌀의 영양 성분과 섬유질이 온전히 살아 있는 배아미와 현미를 백미에 섞어 사용한다.

보통 정도 담은 한 그릇
100그램 / 160칼로리

수북이 담은 한 그릇
150그램 / 240칼로리

백미 | 현미를 도정하여 쌀겨층과 씨눈(胚芽)을 완전히 제거하고 배젖(胚乳)만 남긴 쌀이다. 부드럽고 소화가 잘 되지만 비타민, 미네랄, 단백질, 섬유질 등 쌀에 풍부한 영양 성분이 대부분 제거되고 탄수화물만 남은 상태라고 볼 수 있다.

현미 | 벼의 껍질인 왕겨만 벗겨 쌀겨층과 씨눈이 남아 있는 쌀이다. 비타민과 미네랄, 섬유질이 풍부하며 씹는 맛도 좋다. 현미로 밥을 지을 때는 충분히(6시간 정도) 불리지 않으면 딱딱해서 먹기 힘들어진다. 현미를 싹 틔운 발아현미는 백미와 같은 방법으로 밥을 지으면 된다.

배아미 | 쌀겨층은 제거되었지만 씨눈이 남아 있는 쌀이다. 현미보다는 식감이 부드럽고 소화가 잘 되며, 백미보다는 비타민B1과 비타민E가 많이 남아 있다.

고기 칼로리 확 줄이기

소고기나 돼지고기 등은 지방 부분을, 닭고기는 껍질을 제거한 뒤 조리한다. 이렇게 하면 닭고기는 1인분에 84칼로리를, 돼지고기 다리살은 61칼로리를 줄일 수 있다.

끝내주는 국물 맛의 비결, 육수

국물 요리에 사용하는 육수는 다시마와 가쓰오부시, 멸치로 만든다. 육수는 한꺼번에 만들어 두었다가 냉장(2주까지 사용 가능) 또는 냉동 보관해두면 요리 시간을 단축할 수 있다. 이 책의 레시피에 소개된 육수는 기호에 맞는 육수로 대체할 수 있다.

다시마 육수

재료　물 1000cc, 다시마 10g

❶ 다시마는 젖은 행주로 이물질을 닦는다.
❷ 찬물에 다시마를 30분 간 담가놓는다.
❸ 다시마를 불렸던 물과 다시마를 냄비에 넣고 끓이다가 국물이 끓어오르면 다시마를 건져낸다(다시마를 오래 끓이면 쓴맛이 나고 국물이 걸쭉해진다).

가쓰오부시 육수

재료　물 1000cc, 다시마 10g, 가쓰오부시 10g

❶ 냄비에 물과 다시마를 넣고 끓인다.

❷ 국물이 끓어오르며 다시마는 건져내고, 가쓰오부시를 넣은 다음 곧바로 불을 끈다.
❸ 가쓰오부시는 소쿠리나 체로 걸러낸다.

멸치 육수

재료　물 1000cc, 다시마 10g, 멸치 10g, 청주 1큰술

❶ 멸치는 내장을 제거한다.
❷ 뜨겁게 달군 냄비에 멸치를 넣고 볶아 비린내를 날려버린다.
❸ 멸치에서 구수한 냄새가 나면 물, 다시마를 넣고 끓이다가
　다시마는 국물이 끓어오르면 건져낸다.
❹ 국물을 5분쯤 더 끓이다가 청주를 넣고 불을 끈다.
❺ 멸치는 소쿠리나 체로 걸러낸다.

꾸준히 실천할 수 있는 간단하고 합리적인 레시피

건강을 지키기 위해서는 운동이든 식사든 매일 꾸준히 실천하는 것이 중
요하다. 구하기 어렵거나 값비싼 재료를 사용하고 조립법이 복잡해서는
매일같이 실천할 수 없다.

이 책에서 소개하는 조리법들은 매우 간단하고 합리적이다. 우선 식재료
낭비를 막기 위해 같은 재료라도 여러 가지 방법으로 활용하여 남겨서 버
리는 일이 없도록 했다. 또 고가의 재료나 매일 다른 식재료를 쓸 필요도
없다. 예를 들어 시금치가 비싸면 저렴한 청경채나 아욱 등 다른 녹황색
채소로 얼마든지 바꾸어도 된다.

270쪽의 '식재료를 아낌없이 활용하기 위한 리스트'를 활용하면 재료를
남김없이 쓸 수 있다. 재료를 남김없이 사용하면 식재료비가 절약될 뿐만

아니라, 재료의 영양을 온전히 섭취할 수 있어 건강에도 이익이다. 가령, 양배추가 남았으면 그것을 잘게 썰어 국에 넣는 건더기로 활용하면 된다. 혹은 써는 방법이나 조리법을 바꾸어서 다른 요리를 만들어도 좋다. 채 썰기, 다지기, 통째로 찌기 등 활용법은 다양하다.

일단은 이 책의 레시피를 통째로 흉내 내본다. 이 책에는 특별한 조미료나, 구하기 어려운 식재료는 거의 없다. 타니타식 조리법을 그대로 따라하다 보면 어느 순간, 야채 사용법이나 씹는 횟수를 늘리는 방법, 소금을 적게 쓰면서 맛을 내는 방법, 영양의 균형 맞추는 방법 등을 감각적으로 익힐 수 있게 된다.

두 번째 코스에서는 한 끼씩 한 달간 따라해 볼 수 있는 서른한 가지 정식 메뉴를 소개하고 있다. 순서대로 따라 해도 좋고 그날그날 마음에 드는 음식을 골라 요리해도 좋다. 일주일에 3일만 따라 해도 차츰 몸의 변화가 느껴지다가, 한 달 후면 분명 살이 빠지고 건강이 좋아질 것이다. 요리할 시간도 부족하고 간단히 먹고 싶을 땐, 세 번째 코스에서 소개하는 한 그릇 요리를 추천한다.

| 일 | 러 | 두 | 기 |

- 이 책의 모든 레시피는 2인분을 기준으로 한다.
- '씻는다', '껍질을 벗긴다', '꼭지를 딴다' 등 재료 손질에 관한 설명은 생략했다.
- 야채의 분량은 가늠하기 쉽도록 5센티미터 혹은 1/5개, 한 단, 한 장과 같은 식으로 표기했다.
- 볶거나 튀기는 기름은 단순히 '기름'이라고만 표기했다. 기호에 따라 올리브유 등을 사용해도 좋다.
- 녹말물은 녹말 1큰술에 물 3큰술을 넣어서 만든다. 국물이나 소스를 끈기 있게 만들기 위해 사용하는 것이므로 요리에 따라 적당히 조절하며 첨가한다.

いただきます。

두 번째 코스.

날마다 새로운 정식

쓰린 속을 달래는
뿌리채소와 고기 조림 정식

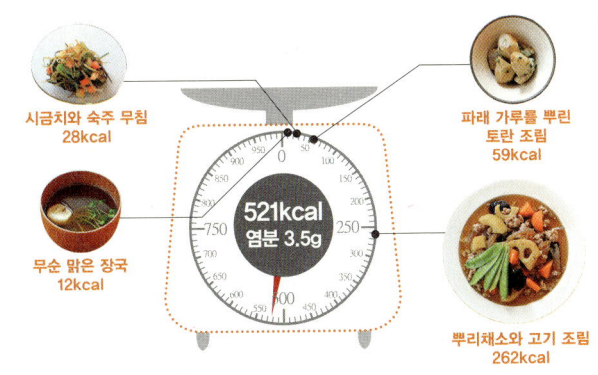

시금치와 숙주 무침
28kcal

파래 가루를 뿌린
토란 조림
59kcal

521kcal
염분 3.5g

무순 맑은 장국
12kcal

뿌리채소와 고기 조림
262kcal

　　　　　　타니타 직원식당이 여러분께 소개하는 첫 번째 음
식은 연근, 당근, 토란 세 가지 뿌리채소로 만든 맛있는 조림입니다. 뿌리채소
는 섬유질이 풍부해서 다이어트에 효과적입니다. 특히 식감이 미끈미끈 독특
한 토란(土卵)은 '땅이 품은 알'이라는 이름 풀이처럼 영양이 풍부합니다. 토
란의 주성분은 녹말입니다. 토란 속에 들어 있는 녹말은 입자가 매우 작아서
소화가 잘 됩니다. 또 토란에는 생체 리듬을 조절하는 호르몬의 일종인 멜라
토닌이 풍부합니다. 불면증 때문에 밤새 뒤척이다 아침을 맞는 사람이라면
수면제 대신 토란을 권해드려요. 토란은 혈압을 떨어뜨리고 혈액 속의
콜레스테롤을 제거하는 효능도 있습니다. 미끈미끈한 점액은 위
궤양을 예방하는데 큰 도움이 됩니다.
속이 꽉 차서 실속이 있는 것을 가리켜 '알토란같다'고 하지요. 토란은 뿌리,
줄기, 잎 무엇 하나 버릴 것이 없습니다. 토란대는 셀러리보다 칼슘 함유량이
40배나 많습니다. 발이 삐거나 신경통이 있을 때 토란
을 갈아서 밀가루와 섞어 환부에 바르는 민간요
법이 있는데요. 실제로 토란에 풍부한 수산칼슘
은 염증을 가라앉히는 효과가 있습니다. 1미터
가 넘게 자라는 토란의 커다란 줄기와 잎은 비
가 오면 일회용 우산으로 요긴합니다. 애니메이션
〈이웃집의 토토로〉의 토토로가 썼던 것처럼 말이죠.

262kcal
염분 1.4g

뿌리채소와 고기 조림

주재료 연근 80g, 당근 4cm, 죽순 40g, 목이버섯 1g, 말린 표고버섯 2장, 생강 약간,
　　　　　갈은 돼지고기(살코기) 160g, 꼬투리 완두 10개, 실곤약 40g,
　　　　　참기름 1/2작은술, 가쓰오부시 육수 100cc
조림 양념 술 1/2큰술, 설탕 1/2작은술, 맛술 1작은술, 간장 1큰술

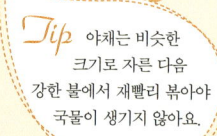

Tip 야채는 비슷한
크기로 자른 다음
강한 불에서 재빨리 볶아야
국물이 생기지 않아요.

❶ 연근, 당근, 죽순은 큼직하게 썰어서 데쳐둔다.

❷ 목이버섯과 말린 표고버섯은 30분 정도 물에 담가 불린 다음
　채 썬다.

❸ 생강도 얇게 채 썬다.

❹ 꼬투리 완두는 살짝 데치고, 실곤약은 데친 다음 대강 썰어둔다.

❺ 냄비를 강한 불 위에 올려 가열한 다음 참기름을 두르고 생강을 볶아 향을 낸다.

❻ 갈은 돼지고기를 넣어 생강과 함께 볶다가, 고기가 익으면 연근, 당근, 죽순을 마저 넣고
　볶는다.

❼ 기름이 재료에 골고루 묻으면 실곤약, 목이버섯, 말린 표고버섯, 가쓰오부시 육수,
　조림 양념을 넣고 중불에서 15분 정도 조리다가 국물이 자작해지면 불을 끊다.

❽ 완성된 요리를 그릇에 옮겨 담고 꼬투리 완두로 장식한다.

28kcal
염분 0.7g

시금치와 숙주 무침

주재료 시금치 1/2단, 숙주 1/4봉지, 토마토 1/6개, 마른 다시마 4g
양념 간장 1/2큰술, 식초 1작은술, 맛술 1/3작은술, 참기름 약간

① 시금치는 끓는 물에 데친 다음 물기를 꼭 짜고 3센티미터 정도 길이로 자른다.
② 숙주는 끓는 물에 살짝(20초) 데쳐둔다.
③ 토마토는 사방 1센티미터 크기로 깍둑썰기 한다.
④ 마른 다시마는 젖은 행주로 닦은 다음 찬물에 넣고 끓인다.
⑤ 물이 끓어오르면 다시마를 건져서 얇게 채 썬다(다시마 육수를 만들고 건져낸 다시마를 사용해도 좋다).
⑥ 시금치, 숙주, 토마토, 채 썬 다시마에 양념을 넣고 조물조물 무친다.

Tip 컴퓨터와 스마트폰 사용 시간이 늘어나면서 눈의 피로와 건조함을 호소하는 사람들이 많아졌습니다. 이럴 때는 비타민A가 풍부한 토마토와 루테인이 풍부한 시금치나 브로콜리 같은 녹황색 채소를 매일 먹도록 합니다.

59kcal
염분 0.5g

파래 가루를 뿌린 토란 조림

주재료 토란 2개, 다시마 육수 60cc, 파래 약간, 녹말물 적당량
조림 양념 설탕 2/3작은술, 맛술 2작은술, 간장 1작은술

Tip
토란은 껍질을 벗기면
미끈미끈한 점액이 나옵니다.
이 점액이 손에 닿으면 가려울 수 있으니
반드시 장갑을 끼고 다듬도록 합니다.
맨손으로 점액을 만졌을 때는
소금물로 손을 씻으세요.

❶ 토란은 껍질을 벗겨 한입 크기로 자른 다음,
　쌀뜨물에 담가 아린 맛을 없앤다.

❷ 냄비에 다시마 육수와 조림 양념을 넣고 강한 불에서 끓이다가
　토란을 넣고 중불에서 10~15분 정도 조린다.

❸ 찬물에 물 3큰술, 녹말 1큰술을 넣고 잘 저어 녹말물을 만든다.

❹ 토란을 젓가락으로 찔러봐서 쑥 들어가면 불을 끄고, 녹말물을 부어가며
　국물을 걸쭉하게 만든다.

❺ 토란을 그릇에 담고 파래 가루를 넣고 버무린다.

무순 맑은 장국

주재료 무순 1/5팩, 다시마 육수 300cc, 느타리버섯 1/4팩, 소금 약간, 간장 2/3작은술

❶ 무순은 2등분해서 그릇에 담는다.
❷ 느타리버섯은 한 가닥씩 뜯어놓는다.
❸ 냄비에 다시마 육수와 느타리버섯을 넣고 끓이다가 소금과 간장으로 간을 맞춘다.
❹ 무순이 담긴 그릇에 따뜻한 국물을 붓는다.

Tip 무의 씨앗에서 나오는
새순인 무순은 위액의 분비를
촉진해 소화가 잘 되게
해줘요.

타니타 식당통신

파래 가루를 뿌린 토란 조림은 남직원들에게 인기가 있었습니다. 파래의 향긋한 풍미가 식욕을 돋우기 때문에 에피타이저로도 훌륭한 음식입니다. 토란은 미끈거리고 아린 맛 때문에 싫어하는 사람이 간혹 있는데요. 토란을 쌀뜨물에 담가두면 아린 맛이 제거됩니다. 또 소금물에 잠깐 삶으면 미끈거림이 감쪽같이 사라집니다.

콜레스테롤을 낮추는
치킨 피카타 정식

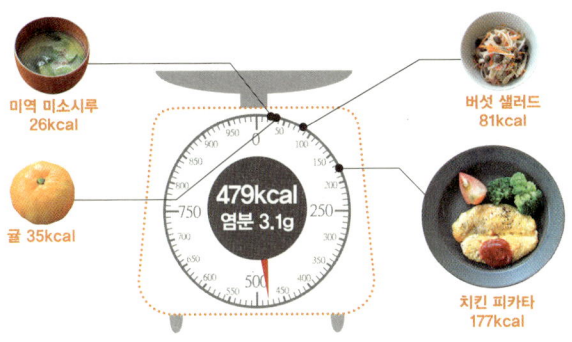

미역 미소시루
26kcal

버섯 샐러드
81kcal

귤 35kcal

479kcal
염분 3.1g

치킨 피카타
177kcal

담백한 닭가슴살에 부드러운 달걀옷을 입혀 만든 피카타(piccata : 고기를 얇게 썰어 후추와 소금으로 맛을 낸 다음, 밀가루와 달걀옷을 입혀 기름에 구워낸 이탈리아 요리)는 타니타 직원식당에서 인기 높은 메뉴예요. 소고기로 만든 피카타는 식으면 기름이 엉겨 붙어 맛이 현격히 떨어지지만, 닭고기로 만든 피카타는 차게 먹어도 맛있습니다. 닭고기에 들어 있는 지방의 70퍼센트 가량이 상온에서 굳지 않는 불포화지방이기 때문입니다. 불포화지방은 혈관 건강에 유익합니다. 또 닭고기는 혈중 콜레스테롤을 낮춰주고 동맥경화와 심장병 예방 효과가 있는 리놀렌산이 많이 들어 있습니다.

닭고기는 껍질 바로 밑에 지방에 몰려 있습니다. 그래서 껍질만 벗기면 지방을 간단히 제거할 수 있습니다. 닭고기는 껍질만 벗겨도 칼로리가 반으로 줄어듭니다. 다이어트 중이라면 귀찮더라도 껍질을 반드시 제거해야겠지요.

모든 문화권에서 제약 없이 먹는 닭고기는 요리 종류도 다양합니다. 프랑스의 식품평론가 브리아 샤브랑은 "요리사에게 닭고기는 화가의 캔버스 같은 존재"라고 말하기도 했습니다. 오늘은 우리 모두 화가가 되어 닭고기에 깜짝 놀랄 맛을 그려볼까요.

치킨 피카타

주재료 닭가슴살 4덩어리, 소금과 후추 약간,
　　　　 브로콜리 1/3줄기, 토마토 1/3개, 케첩 4작은술
달걀옷 재료 밀가루 1작은술, 달걀 1/2개,
　　　　 소금 약간, 파마산 치즈 가루 2작은술

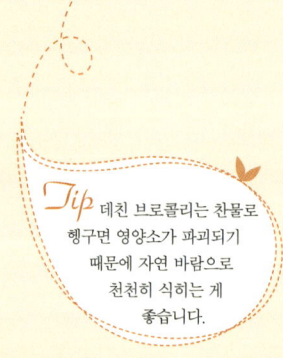

Tip 데친 브로콜리는 찬물로
헹구면 영양소가 파괴되기
때문에 자연 바람으로
천천히 식히는 게
좋습니다.

❶ 닭가슴살은 힘줄 부분을 제거하고, 소금과 후추를 앞뒤로 뿌려둔다.

❷ 브로콜리는 작게 자른다.

❸ 끓는 물에 소금을 조금 넣고 브로콜리를 데친 다음, 소쿠리에 건져서 식힌다.

❹ 토마토는 반달형으로 자른다.

❺ 닭가슴살 양쪽에 밀가루를 얇게 뿌린다.

❻ 달걀에 소금을 넣고 잘 푼 다음 닭가슴살 앞뒤로 묻히고, 파마산 치즈 가루를 뿌린다.

❼ 예열한 오븐에 종이 호일을 깔고 닭가슴살을 5∼8분 동안 굽는다.

❽ 그릇에 토마토, 브로콜리, 갓 구운 닭가슴살을 담은 다음 케첩을 뿌린다.

버섯 샐러드

주재료 팽이버섯 1팩, 느타리버섯 1팩, 양파 1/5개, 베이컨 1장, 당근 2cm
양념 버터 1g, 소금과 후추 약간, 간장 드레싱 1큰술

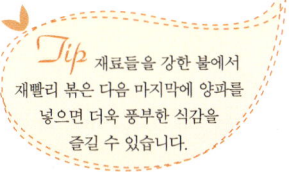

Tip 재료들을 강한 불에서
재빨리 볶은 다음 마지막에 양파를
넣으면 더욱 풍부한 식감을
즐길 수 있습니다.

① 팽이버섯은 절반으로 자른 다음 뭉쳐 있는 부분을 가닥가닥 뜯어둔다.
   느타리버섯도 한 가닥씩 뜯어둔다.
② 양파는 얇게 썬 다음 찬물에 헹궈 매운 맛을 없앤다.
③ 베이컨은 1센티미터 폭으로 자르고, 당근은 채 썬다.
④ 프라이팬에 버터를 녹여 표면에 골고루 묻힌 다음 베이컨을 중불에서 굽다가
   당근, 팽이버섯, 느타리버섯을 마저 넣고 소금과 후추로 간을 맞춘다.
⑤ 마지막으로 양파를 넣고 잘 섞어준다.
⑥ 오일을 뺀 간장 드레싱(간장 2큰술, 레몬 식초 2큰술, 다시마 우린 물 4큰술,
   올리고당 1큰술)을 뿌려 먹어도 좋다.

미역 미소시루

주재료 말린 미역 2g, 대파 10cm, 가쓰오부시 육수 300cc, 미소 된장 2작은술

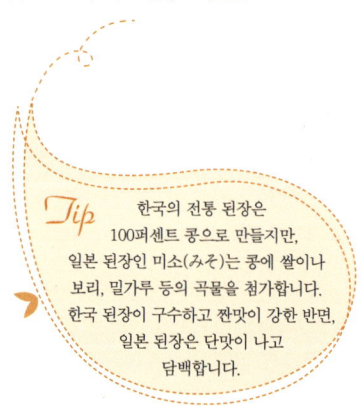

Tip 한국의 전통 된장은
100퍼센트 콩으로 만들지만,
일본 된장인 미소(みそ)는 콩에 쌀이나
보리, 밀가루 등의 곡물을 첨가합니다.
한국 된장이 구수하고 짠맛이 강한 반면,
일본 된장은 단맛이 나고
담백합니다.

❶ 미역을 물에 불린 다음 먹기 좋은 크기로 잘라 그릇에 담는다.

❷ 대파는 송송 작게 썬다.

❸ 냄비에 가쓰오부시 육수를 넣고 끓이다가, 끓기 시작하면 대파를 넣고 살짝 더 끓인다.

❹ 강한 불에서 미소 된장을 넣고 잘 푼 다음, 미역이 담긴 그릇에 국물을 붓는다.

귤

주재료 귤 2개

Tip 귤 알맹이에 붙어 있는
하얀 속껍질에는 식이섬유인 펙틴과
콜레스테롤 수치를 낮추는 비타민P가
많습니다. 속껍질은 떼어내지
말고 같이 드세요.

타니타 식당 통신

귤은 겨울하면 떠오르는 대표적인 과일이지요. 이제부터는 귤껍질로 차를 만들어 1년 내내 즐겨보세요.
귤껍질에는 콜레스테롤을 제거하는 테레빈유 성분이 들어 있어 동맥경화를 예방합니다. 껍질에 묻어
있는 농약은 소금과 식초를 푼 물에 담가두면 말끔히 제거됩니다. 잘 씻은 귤껍질을 잘게 썰어 그늘에
말렸다가 물과 함께 끓이면, 몸도 기분도 가벼워지는 '다이어트 차' 완성입니다.

깜빡깜빡 건망증이 걱정이라면
삼치 우메보시 찜 정식

배추와 바지락 스프
44kcal

콜리플라워와 달걀 샐러드
77kcal

516kcal
염분 3.6g

시금치 미소시루
29kcal

삼치 우메보시 찜
206kcal

여러분은 외우고 다니는 전화번호가 몇 개나 되나요? 제 경우에는 자신 있게 외우는 번호가 제 휴대폰 번호와 집 전화 번호, 딱 두 개 뿐입니다. 날로 똑똑해지는 기계에 의지하다보니 제 머리는 갈수록 녹스는 것 같습니다. 오늘은 기억력이 예전 같지 않아 걱정인 분들을 위한 음식을 준비했습니다. 포슬포슬한 식감과 담백한 맛이 일품인 삼치 찜입니다.

삼치는 고등엇과에 속하는 등푸른생선입니다. 100그램 당 단백질이 18.9그램에 달할 정도로 고단백질 식품입니다. 영양 면에서 참치와 비슷하지만 참치보다 칼로리는 낮고 단백질은 더 풍부합니다. 삼치는 지방 함유량이 높기 때문에 고소한 맛이 납니다. 지방 함유량이 높다고 해서 살찌지 않을까 걱정할 필요는 없습니다. 삼치에 들어 있는 지방은 콜레스테롤을 억제해 동맥경화와 뇌졸중, 심장병을 예방하는 '착한 지방'인 불포화지방이기 때문입니다. 또 DHA가 풍부한 삼치는 뇌세포 생성을 돕고, 세포 재생 효과가 뛰어나 치매 예방에도 효과적입니다. 참으로 '스마트'한 생선이라고 할 수 있습니다.

생선은 너무 작아도, 너무 커도 맛이 없죠. 하지만 삼치는 크면 클수록 맛이 더 좋아집니다. 참고로 '어두육미(魚頭肉尾)'라는 말이 삼치에는 해당되지 않습니다. 삼치는 머리보다 꼬리 쪽이 더 맛있습니다.

삼치 우메보시 찜

주재료 삼치 100g 2조각, 소금 약간, 청주 2작은술, 생강 2조각,
깻잎 2장, 대파 5cm, 숙주 1/3봉지

양념 우메보시 큰 것 1개, 간장 1큰술, 맛술 1작은술

Tip 찜용 그릇이 없다면
프라이팬에 물을 자작하게 붓고
접시를 깐 다음 삼치를 올려
놓고 뚜껑을 덮고 찌면
됩니다.

❶ 삼치에 소금과 청주를 뿌려 재워둔다.

❷ 생강과 깻잎은 채 썬다.

❸ 대파는 얇게 어슷어슷 썰어두고, 숙주는 끓는 물에 20초 간 데쳐둔다.

❹ 우메보시(매실을 소금에 절인 후 햇볕에 말린 음식)는 칼 손잡이로 두들겨 으깬다.

❺ 으깬 우메보시, 간장 1큰술, 맛술 1작은술을 섞어 양념장을 만든다.

❻ 찜용 그릇에 종이 호일을 깔고 그 위에 삼치를 놓은 다음 채 썬 생강을 얹어
중불에서 10〜15분 정도 찐다.

❼ 찐 삼치를 꺼내서 숙주를 펼쳐둔 접시 위에 얹은 다음 양념장을 끼얹고 깻잎과 대파를
올려 완성한다.

77kcal
염분 0.8g

콜리플라워와 달걀 샐러드

주재료 콜리플라워 1/3개, 당근 2cm, 오이 1/2개, 소금 약간, 달걀 1/2개
드레싱 마요네즈 1큰술, 홀그레인 머스터드(씨겨자) 약간, 소금과 후추 약간

Tip 작은 꽃다발처럼 생긴
콜리플라워는 브로콜리보다 단맛이
좀 더 강해 채소의 쓴 맛을 싫어하는
아이들에게 먹이기 좋아요.

❶ 콜리플라워는 작게 잘라 삶는다.
❷ 당근은 부채꼴 모양으로 썰어서 끓는 물에 살짝 데친다.
❸ 오이는 한입 크기로 썰어서 소금을 뿌려 조물조물 무쳐둔다.
❹ 달걀은 삶아서 잘게 썬다.
❺ 마요네즈와 홀그레인 머스터드(겨자씨를 거칠게 부숴 식초와 향신료를 첨가해 만든 소스)
　 를 잘 섞은 다음 콜리플라워, 당근, 오이, 달걀과 함께 무친다.
❻ 마지막으로 소금과 후추로 간을 맞춘다.

44kcal
염분 0.5g

배추와 바지락 스프

주재료 배추 1장, 바지락 10g, 바지락 삶은 물 적당량,
기름 1/2작은술, 다시마 육수 100cc, 술 2작은술,
소금 약간, 녹말물 적당량, 참기름 1/4작은술

Tip 소금물에 담근
바지락은 검은 봉지나
종이를 덮어 어둡게 해주면
해감 시간을 단축시킬 수
있어요.

❶ 바지락은 깨끗이 씻어 소금물(짠맛이 느껴질 정도의 농도)에 담가 6시간 정도 둔다.

❷ 바지락이 입을 벌리면 주물주물 씻어 찬물에 헹군 다음, 삶아서 껍질과 살을 분리한다.

❸ 강한 불 위에 올린 냄비에 기름을 두르고 가열한 다음, 큼직하게 썬 배추를 넣고 볶는다.

❹ 배추가 살짝 익으면 바지락 살을 넣고 볶는다.

❺ 기름이 배추와 바지락에 골고루 퍼졌으면 다시마 육수, 바지락 삶은 물, 술, 소금을 넣고
뚜껑을 덮은 다음 약한 불로 뭉근하게 끓인다.

❻ 재료들이 익었으면 녹말물을 넣어 국물을 좀 더 걸쭉하게 만든 다음,
불을 끄고 참기름을 넣는다.

시금치 미소시루

주재료 시금치 1/5단, 가쓰오부시 육수 300cc, 미소 된장 2작은술

Tip 한국 된장은 오래 끓이면
구수한 맛이 나는 반면 미소 된장은
오래 끓이면 떫은맛이 나기 때문에
한소끔만 끓이고 불을
끕니다.

❶ 시금치는 길이 3센티미터 정도로 잘라서 살짝 데친 다음 그릇에 담는다.
❷ 냄비에 가쓰오부시 육수를 넣고 끓이다가 미소 된장을 풀고 한소끔 끓인 다음 그릇에
붓는다.

타니타 식당 통신

같은 재료라도 약간만 신경을 쓰면 칼로리 섭취를 줄일 수 있습니다. 고기나 생선을 조리할 때도 튀기
기보다는 찌는 것이 불필요한 기름 섭취를 막아줍니다. 구울 때는 프라이팬보다는 석쇠나 그릴을 사용
하면 기름이 아래로 빠져서 칼로리가 낮아집니다. 또 볶음 요리를 할 때도 팬을 충분히 달군 다음 기름
묻힌 키친타월로 닦아주면 기름 사용량을 줄일 수 있습니다. 튀김은 기름이 충분히 달궈진 상태에서 튀
기는 게 달궈지지 않았을 튀기는 것보다 기름 흡수를 낮출 수 있습니다.

Day.04

먹을수록 젊어지는

치킨 올리브유 구이 정식

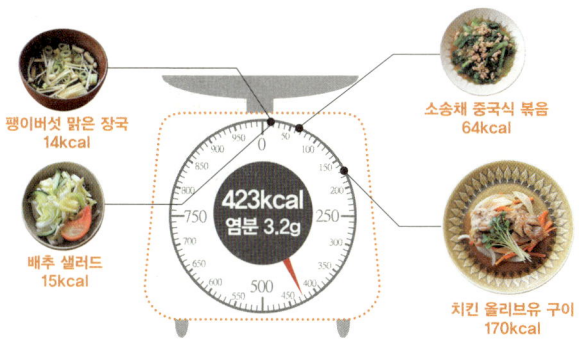

팽이버섯 맑은 장국
14kcal

소송채 중국식 볶음
64kcal

423kcal
염분 3.2g

배추 샐러드
15kcal

치킨 올리브유 구이
170kcal

제가 어릴 때만해도 기름이라면 참기름, 들기름, 콩기름, 옥수수기름이 전부인줄 알았습니다. 그런데 요즘에는 올리브유, 포도씨유, 카놀라유, 해바라기씨유 등 기름의 종류가 너무 다양해져서 뭘 골라야할지 모를 지경입니다.

올리브유는 근래 들어 많이 사용하고 있지만, 구약성서에도 등장할 정도로 아주 오래 전부터 먹었던 기름입니다. 그리고 세계 3대 장수식품으로 꼽힐 정도로 몸에 좋은 식품입니다. 올리브유는 불포화지방산과 항산화 성분인 비타민E, 토코페롤, 폴리페놀 등을 많이 함유하고 있어 노화 방지에 탁월한 효과가 있습니다. 또 혈압과 콜레스테롤을 낮춰 줘 동맥경화를 예방합니다. 실제로 올리브유를 즐겨 먹는 이탈리아 사람들은 심장 질환이나 순환기 질환 사망률이 낮고, 노인이 되었을 때 인지력 감소 등의 노화 현상이 적게 나타난다고 합니다.

스페인 남부 안달루시아 사람들은 날씬하기로 유명합니다. 이들의 다이어트 비법은 아침에 빈속에 먹는 올리브유 두 숟가락이라고 합니다. 올리브유는 보습력이 뛰어나 화장품 재료로도 사랑받고 있습니다. 히포크라테스는 목욕을 할 수 없을 때면 올리브유로 몸을 닦았다고 해요. 또 이탈리아 여배우 소피아 로렌의 피부 관리 비결도 올리브유로 만든 화장수라고 합니다.

치킨 올리브유 구이

주재료 닭다리살 90g 2덩어리, 소금과 후추 약간, 당근 4cm, 양파 1/4개, 무순 약간, 올리브유 1/2큰술

소스 육수 40cc, 맛술 2작은술, 간장 2작은술, 발사믹 식초 1작은술

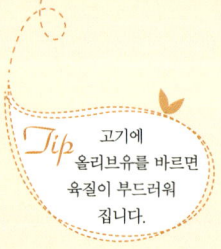

Tip 고기에 올리브유를 바르면 육질이 부드러워 집니다.

❶ 닭다리살은 소금과 후추를 뿌려서 재워둔다.

❷ 당근은 채 썰고, 양파도 얇게 썰어둔다.

❸ 예열한 오븐에 종이 호일을 깔고, 썰어둔 당근과 양파를 펴고 그 위에 닭다리살을 올린다.

❹ 닭다리살에 올리브유를 바른 다음, 5~8분 동안 굽는다.

❺ 소스 재료를 냄비에 넣고 양이 반으로 줄어들 때까지 약한 불에서 조린다.

❻ 접시에 구운 야채와 닭다리살을 담고 소스를 끼얹은 다음, 무순을 얹어 장식한다.

15kcal
염분 0.4g

배추 샐러드

주재료 배추 1/5장, 오이 1/2개, 토마토 1/4개, 소금 약간, 드레싱 적당량

Tip 치킨 올리브유 구이를 만들고 남은
발사믹 식초를 이용해 드레싱을 만들어도 좋아요.
올리브유 2큰술, 발사믹 식초 2큰술, 꿀 1큰술,
소금과 후추 약간을 잘 섞으면 새콤하고
깔끔한 드레싱이 완성됩니다.

❶ 배추와 오이를 잘게 썰어서 소금을 뿌려 조물조물 무친 다음, 물기를 짠다.
❷ 토마토는 반달 모양으로 잘라둔다.
❸ 손질한 야채들을 그릇에 담고 드레싱을 뿌린다.

64kcal
염분 0.7g

소송채 중국식 볶음

주재료 소송채(또는 청경채) 1/3단, 대파 5cm, 갈은 돼지고기 30g, 기름 1작은술
양념 닭고기 육수 30cc, 소금과 후추 약간, 두반장 약간, 녹말물 적당량

Tip 소송채(小松菜)는
일본에서 시금치만큼이나
대중적인 채소입니다. 칼슘과
철분, 비타민C가 풍부하며
샐러드나 볶음 요리에
자주 이용됩니다.

❶ 소송채는 길이 3센티미터 정도가 되게 자른다.

❷ 대파는 대강 잘게 자른다.

❸ 강한 불에서 프라이팬을 달군 다음 기름을 두르고 대파, 갈은 돼지고기 순으로 넣고 볶는다.

❹ 고기가 어느 정도 익으면 소송채의 줄기, 이파리 순으로 넣는다.

❺ 양념을 넣고 좀 더 끓이다가 불을 끄고 녹말물을 넣는다.

❻ 다시 불을 켜고 고기와 소송채를 잘 섞으면서 국물이 걸쭉해지게 한다.

팽이버섯 맑은 장국

주재료 팽이버섯 1/5팩, 말린 표고버섯 1장, 대파 10cm,
가쓰오부시 육수 300cc, 소금 약간, 간장 1/3작은술

Tip 버섯은 다른 균이 침입하면
죽어버리기 때문에, 진공의 깨끗한
상태에서 재배됩니다. 버섯을 물에 씻으면
맛과 향이 줄어드니 지나치게
씻지 않도록 합니다.

❶ 팽이버섯은 절반 크기로 자른 다음 잘 떼어놓는다.
❷ 표고버섯은 물에 30분 정도 담가 불린 다음 잘게 자른다.
❸ 대파도 송송 썰어둔다.
❹ 냄비에 가쓰오부시 육수를 넣고 끓이다가 팽이버섯과 표고버섯, 대파를 넣고 함께 끓인다.
❺ 국물이 끓으면 소금과 간장으로 간을 맞춘 다음 그릇에 담는다.

타니타 식당 통신

올리브유는 산도와 추출 횟수에 따라 '엑스트라 버진(extra virgin)', '버진(virgin)', '퓨어(pure)'로 나뉩니
다. 이중 엑스트라 버진 올리브유를 으뜸으로 치지요. 퓨어 등급은 버진 올리브와 한 번 짜고 나서 정제
한 올리브를 섞어서 만들기 때문에 품질이 약간 떨어집니다.
향이 풍부하고 발연점이 낮은 엑스트라 버진(199도씨) 등급은 생으로 먹는 샐러드나 무침에, 발연점이
높은 퓨어(199도씨 이상) 등급은 튀김, 구이 등에 적합합니다.

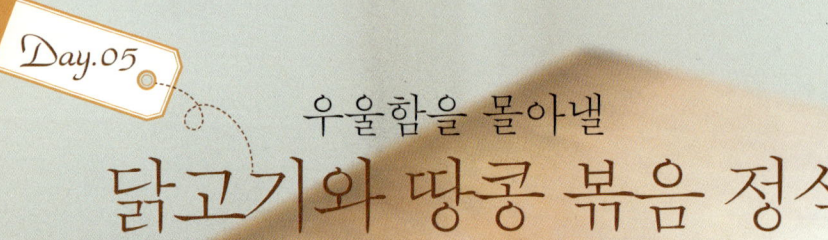

우울함을 몰아낼

닭고기와 땅콩 볶음 정식

미역 맑은 장국
11kcal

야채를 얹은 두부 구이
176kcal

591kcal
염분 3.1g

명란으로 무친
시금치와 팽이버섯
24kcal

닭고기와 땅콩 볶음
220kcal

오독오독 씹으면 고소함이 입 안 가득 퍼지는 견과류. 지방 함유량이 높아서 살찌는 식품으로 여기고 피하는 사람들이 많은 것 같습니다. 실제로 땅콩에는 지방이 44~56퍼센트 가까이 들어 있습니다. 하지만 땅콩을 비롯한 견과류 속 지방은 혈중 콜레스테롤 수치를 낮춰주는 불포화지방산입니다. 또 견과류에 들어 있는 지방은 포만감을 느끼게 해주기 때문에 식사하기 전에 몇 알씩 먹으면 과식을 막아줍니다.

땅콩은 콩보다 비타민B1이 열두 배나 많습니다. '항피로비타민'이라고도 불리는 비타민B1은 탄수화물, 단백질, 지방 등 3대 영양소를 에너지로 전환해 만성피로를 줄여주는 역할을 합니다. 땅콩의 붉은 속껍질에는 폴리페놀 등 항산화 물질이 많이 들어 있습니다. 속껍질을 함께 먹으면 껍질을 까고 먹을 때보다 항산화물질을 네 배 이상 많이 섭취할 수 있다고 합니다.

땅콩을 꾸준히 먹으면 우울증도 예방할 수 있습니다. 땅콩에 풍부한 오메가3는 기분을 좋게 만드는 두뇌 화학 물질인 세로토닌과 도파민 수치를 높여주기 때문입니다. 우울증을 '마음에 찾아오는 감기'라고 하지요. 오늘 준비한 정식이면 마음에 찾아온 감기를 멀리 내쫓을 수 있을 거예요.

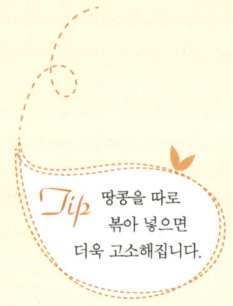

220kcal
염분 1.3g

닭고기와 땅콩 볶음

주재료　닭다리살 180g, 삶은 죽순 80g, 피망 2개,
　　　　　대파 1/2뿌리, 생강 약간, 기름 1/2작은술, 땅콩 20g
밑간 양념　소금과 후추 1약간, 술 1작은술
조림 양념　닭고기 육수 20cc, 술 1작은술, 소금 약간,
　　　　　후추 1/3작은술, 굴소스 2작은술, 녹말물 적당량,
　　　　　참기름 1/4작은술

Tip　땅콩을 따로
볶아 넣으면
더욱 고소해집니다.

❶ 닭다리살은 한입 크기로 작게 잘라서 밑간 양념을 넣고 주물러 재운다.

❷ 대파와 생강은 잘게 썰고, 죽순과 피망은 가로세로 1센티미터 크기로 자른다.

❸ 강한 불 위에 올린 냄비에 기름을 두르고 냄비가 달구어지면
　생강을 먼저 넣고 볶아 향을 낸다.

❹ 닭다리살도 넣고 볶다가 재료가 어느 정도 익으면 땅콩, 죽순, 피망을 넣은 다음
　조림 양념을 넣고 조금 더 끓인다.

❺ 잠시 뒤 불을 끄고 녹말물을 넣는다.

❻ 다시 불을 켜고 재료를 저어가며 내용물이 걸쭉해지면 참기름을 넣고 마무리한다.

176kcal
염분 0.2g

야채를 얹은 두부 구이

주재료 아게다시 두부(튀긴 두부)* 1모, 대파 1/3뿌리, 당근 2cm, 느타리버섯 1/2팩,
마요네즈 1큰술, 간장 적당량

❶ 아게다시 두부를 1모 준비한다.

❷ 대파는 세로로 길게 한 번 자른 다음 얇게 어슷어슷 썬다.

❸ 느타리버섯은 한 가닥씩 뜯고, 당근은 채 썬다.

❹ 느타리버섯과 당근을 끓는 물에 살짝 데친다.

❺ 대파, 당근, 느타리버섯은 마요네즈를 넣고 버무린 다음 아게다시 두부 위에 얹는다.

❻ 예열한 오븐에서 두부와 야채를 5분 정도 굽고, 먹기 직전에 간장을 뿌린다.

* 두부에 밀가루를 얇게 묻혀 기름에 튀겨낸 두부를 '아게다시'라고 합니다. 아게다시는 겉은 쫄깃하고 속은
부드럽고, 기름에 튀겨 고소한 맛이 납니다. 국내 식품회사에서 출시한 '일본풍 튀긴 두부'가 아게다시입
니다. 수분이 적은 단단한 두부에 앞뒤로 밀가루를 얇게 묻힌 다음 프라이팬에 기름을 두른 후 노릇하게
구우면 수제 아게다시가 됩니다.

24kcal
염분 0.4g

명란으로 무친 시금치와 팽이버섯

주재료 시금치 1/2단, 팽이버섯 1/2팩, 명란 16g
양념 맛술 1/2작은술, 술 약간

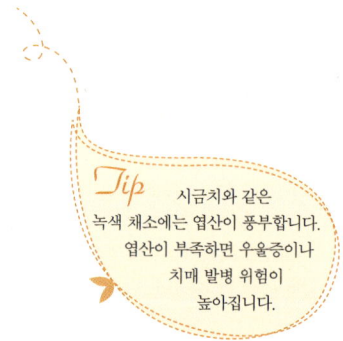

Tip 시금치와 같은
녹색 채소에는 엽산이 풍부합니다.
엽산이 부족하면 우울증이나
치매 발병 위험이
높아집니다.

❶ 시금치는 3센티미터 정도 길이로 잘라서 1~2분 정도 끓는 물에 데친다.
❷ 팽이버섯은 반으로 잘라서 살짝 데친다.
❸ 데친 시금치와 팽이버섯, 껍질을 벗겨 잘 손질한 명란에 양념을 넣고 조물조물 무친다.

11kcal
염분 1.2g

미역 맑은 장국

주재료 말린 미역 2g, 말린 표고버섯 1장, 가쓰오부시 육수 300cc, 소금 1/3작은술,
간장 1/3작은술, 갈은 생강 약간

❶ 물에 불린 미역은 한입 크기로 작게 잘라 그릇에 담는다.
❷ 말린 표고버섯은 물에 불린 다음 얇게 썬다.
❸ 냄비에 가쓰오부시 육수, 소금, 간장, 표고버섯을 넣고 한소끔 끓이다가 마무리로 갈은 생강을
넣은 다음 그릇에 담아 먹는다.

타니타 식당통신

몸에 좋은 견과류도 지나치게 많이 먹는 것은 '과유불급(過猶不及)'입니다. 지방 함유량이 높기 때문에
너무 많이 먹으면 칼로리 과잉이 될 수 있기 때문이지요. 견과류는 하루에 25그램 정도 섭취하는 것이
적당합니다. 25그램이면 호두는 5~7알, 땅콩과 아몬드는 23알, 잣은 25~30알, 피스타치오는 20~30
알 정도입니다.

아삭아삭 양배추로 칼로리를 잡은
삼치 튀김 샐러드 정식

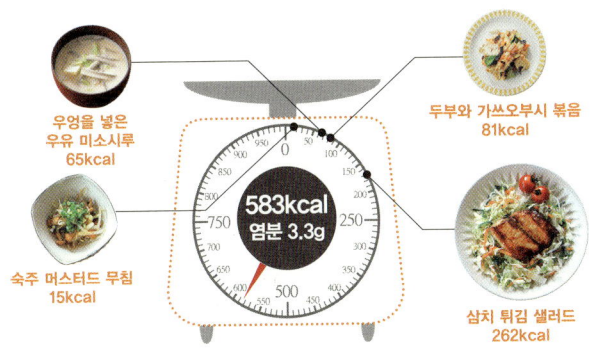

우엉을 넣은
우유 미소시루
65kcal

두부와 가쓰오부시 볶음
81kcal

583kcal
염분 3.3g

숙주 머스터드 무침
15kcal

삼치 튀김 샐러드
262kcal

튀김 요리를 먹는 날은 칼로리와 염분이 적은 야채 반찬을 곁들이는 것이 좋습니다. 그래서 오늘 정식에는 양배추, 토마토, 깻잎, 숙주, 청경채, 우엉 등 야채를 아주 풍성하게 준비했습니다.

삼치 튀김에는 아삭아삭 씹는 재미가 있는 생양배추를 곁들일 거예요. 양배추는 비타민A, E, C, U와 식이섬유, 미네랄 등을 고루 함유하고 있는 채소로, 예로부터 '가난한 사람들의 의사'로 불렸던 식품입니다. 특히 유럽에서는 올리브, 요구르트와 함께 3대 장수식품으로 손꼽힙니다. 옛날 로마 병사들은 매일 양배추를 먹어서 로마 군대에는 의무병이 없었다는 이야기도 전해 내려옵니다.

씹는 행위가 다이어트에 도움이 된다는 사실 알고 계세요? 꼭꼭 씹다보면 뇌의 포만중추가 자극을 받아서 포만감을 느끼게 됩니다. 또 음식을 씹을수록 교감신경을 자극해 체내에서 지방 분해가 활발해집니다.

씹는 맛이 좋고, 한 통을 다 먹어도 110칼로리 밖에 안 되는 양배추는 다이어트에 더 없이 훌륭한 채소입니다.

이제부터는 돈까스 같은 튀김 요리와 함께 나오는 양배추를 남기지 말고 다 먹도록 해요. 더 나아가 "여기 양배추 한 접시 더 주세요"를 습관처럼 외친다면, S라인의 꿈도 금방 실현될 겁니다.

262kcal
염분 0.9g

삼치 튀김 샐러드

주재료 삼치 100g 2조각, 양배추 1장, 당근 1cm, 무 1cm, 깻잎 2장, 방울토마토 4개,
밀가루 1큰술, 튀김 기름 적당량, 드레싱 적당량
밑간 양념 간장 1/2큰술, 술 1/2큰술, 갈은 생강 약간

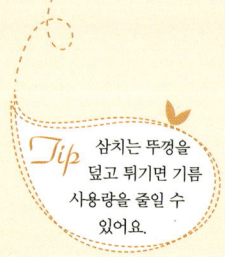

Tip 삼치는 뚜껑을
덮고 튀기면 기름
사용량을 줄일 수
있어요.

❶ 삼치는 밑간 양념을 묻혀 15분 이상 재워둔다.

❷ 양배추, 당근, 무, 깻잎은 모두 채 썰어 섞어둔다.

❸ 삼치는 키친타월로 물기를 가볍게 닦아낸 다음 앞뒤로 밀가루를 뿌린다.

❹ 밀가루 옷을 입힌 삼치는 170도씨(기름에 나무젓가락을 넣었을 때 2~3초 뒤에 기름이
보글보글 올라올 때의 온도)의 기름에서 튀긴다.

❺ 접시에 튀긴 삼치와 채 썰어 놓은 야채, 방울토마토를 담고 기호에 따라 드레싱을
뿌려 먹는다.

두부와 가쓰오부시 볶음

주재료 단단한 두부 1/3모, 삶은 죽순 20g, 당근 2cm, 청경채 1/5개,
목이버섯 약간, 달걀 1/3개, 기름 1/2작은술, 소금 약간,
후추 1/2작은술, 간장 1작은술, 가쓰오부시 약간

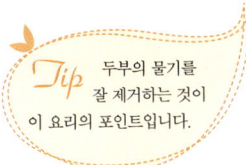

Tip 두부의 물기를
잘 제거하는 것이
이 요리의 포인트입니다.

① 두부는 전자레인지에 넣고 2분 정도 돌려 물기를 제거한 다음, 한입 크기로 잘라둔다.

② 죽순, 당근은 직사각형 모양으로 얇게 썬다.

③ 청경채는 길이 3센티미터로 잘라서 끓는 물에 데친 다음, 찬물에 헹궈 물기를 빼둔다.

④ 목이버섯은 물에 담가 30분 정도 불린 다음 채 썬다.

⑤ 강한 불 위에 올린 냄비에 기름을 두르고 가열한 다음 죽순, 당근, 목이버섯을 볶는다.

⑥ 재료가 어느 정도 익으면 두부를 넣고 볶다가 소금, 후추, 간장으로 간을 맞춘다.

⑦ 달걀을 잘 풀어서 볶은 재료에 끼얹고 달걀이 익을 때까지 볶는다.

⑧ 청경채와 가쓰오부시를 마저 넣고 잘 섞어준다.

숙주 머스터드 무침

주재료 숙주 1/3봉지, 맛버섯 1/2봉지, 쪽파 약간
양념 홀그레인 머스터드 1작은술, 간장 1작은술, 식초 1작은술

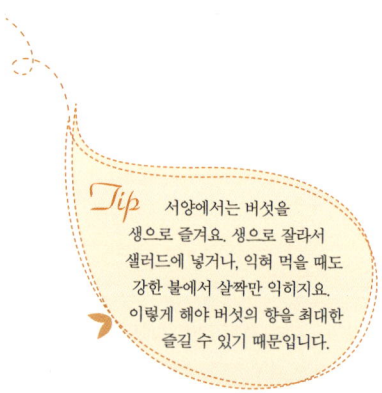

Tip 서양에서는 버섯을
생으로 즐겨요. 생으로 잘라서
샐러드에 넣거나, 익혀 먹을 때도
강한 불에서 살짝만 익히지요.
이렇게 해야 버섯의 향을 최대한
즐길 수 있기 때문입니다.

① 숙주와 맛버섯은 끓는 물에 살짝 데쳐서 물기를 제거한다.
② 쪽파는 송송 작게 썬다.
③ 숙주, 맛버섯에 홀그레인 머스터드와 간장, 식초를 넣고 무치고 쪽파로 장식한다.

우엉을 넣은 우유 미소시루

주재료 우엉 1/5개, 배추 1/2장, 다시마 육수 200cc, 미소 된장 2작은술, 우유 100cc

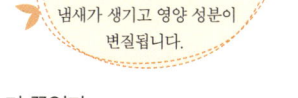

Tip 우유를 긴 시간 높은 온도에서 가열하면 불쾌한 냄새가 생기고 영양 성분이 변질됩니다.

❶ 우엉은 채 썰어서 물에 헹궈 떫은맛을 제거한다.
　배추는 2센티미터 폭으로 자른다.
❷ 냄비에 다시마 육수를 넣고 끓이다가 우엉과 배추를 넣고 더 끓인다.
❸ 재료가 익으면 미소 된장을 풀어 넣은 다음 우유를 마저 붓고, 확 끓어오르기 직전에 불을 끈다.

 타니타 식당 통신

오늘 만든 미소시루는 우유에서 살짝 느껴지는 단맛 덕분에 색다른 맛이었습니다. 칼슘이 풍부한 우유는 다이어트에도 도움이 된다고 해요. 혈중 칼슘 농도가 높아지면 지방이 축적을 멈추고 연소되기 시작합니다. 반면 혈중 칼슘 농도가 낮으면 지방 세포는 과잉 공급된 지방을 저장하기 시작합니다.

쾌변을 위한

닭다리 땅콩버터
구이 정식

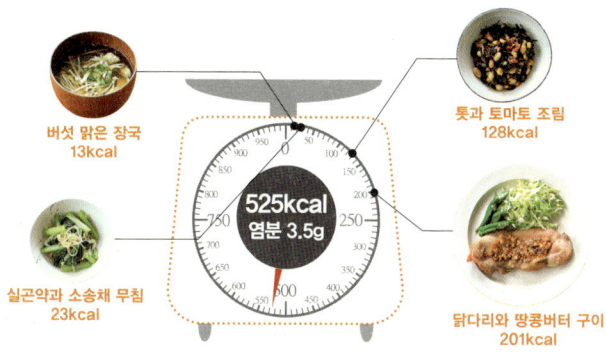

버섯 맑은 장국
13kcal

톳과 토마토 조림
128kcal

실곤약과 소송채 무침
23kcal

525kcal
염분 3.5g

닭다리와 땅콩버터 구이
201kcal

오늘은 '바다의 불로초'라 불리는 해조류 톳을 서양
식으로 조리해볼 거예요. 밥에 넣어 먹거나 무쳐 먹던 기존의 조리법을 통해
서는 맛볼 수 없었던 특별한 맛이 느껴질 거예요.

톳은 생김새가 사슴 꼬리 같다고 해서 '녹미채(鹿尾菜)'라고 부르기도 합니
다. 가늘고 길쭉한 톳 잎을 보면 저는 사슴 꼬리보다는 로즈마리가 떠올라요.
톳은 겨울이나 초봄에 나는 것이 가장 연하고 맛있습니다.

톳은 섬유질이 풍부하고 칼로리가 낮아서 다이어트식으로도 안성맞춤입니
다. 그리고 다시마처럼 섬유질에 알긴산을 함유하고 있습니다. 알긴산은 몸속
에서 수분을 흡수해 최대 200배가량 팽창합니다. 오늘도 변기에 앉아 닭똥 같
은 눈물을 흘리는 분이라면, '천연 변비약' 톳을 권해드립니다.

톳은 칼슘, 요오드, 철, 아연 등의 미네랄을 많이 함유하고 있습
니다. 특히 칼슘은 우유의 10배, 철분은 시금치의 15배나 많습니
다. 그래서 성장기 어린이나 임산부에게 꼭 필요한 식
품입니다. 톳에 대해 조사하다보니 후생성(한국의 보
건복지부와 유사한 일본 기관)이 왜 학교 급식에 일주
일에 두 번은 꼭 톳을 넣어 요리하도록 규정했는지
고개가 끄떡여집니다.

201kcal
염분 0.9g

닭다리 땅콩버터 구이

주재료 닭다리살 100g 2덩어리, 소금과 후추 약간,
양배추 1장, 허브 드레싱 적당량, 오크라* 6개,
양념 땅콩버터 2큰술, 간장 1/3작은술, 술 1/2큰술

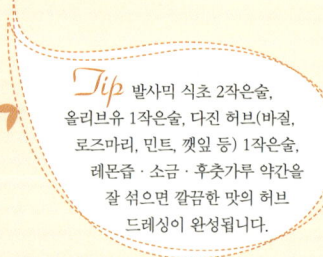

Tip 발사믹 식초 2작은술,
올리브유 1작은술, 다진 허브(바질,
로즈마리, 민트, 깻잎 등) 1작은술,
레몬즙 · 소금 · 후춧가루 약간을
잘 섞으면 깔끔한 맛의 허브
드레싱이 완성됩니다.

❶ 닭다리살은 소금과 후추를 뿌려 재워둔다.
❷ 양배추는 채 썰고, 오크라는 데쳐서 찬물에 헹군 다음 어슷하게 절반 크기로 잘라둔다.
❸ 배추와 오크라는 따로따로 허브 드레싱에 무쳐둔다.
❹ 예열한 오븐에 종이 호일을 깔고 닭다리살을 10~13분간 굽는다.
❺ 초벌구이 된 닭다리살에 땅콩버터, 간장, 술을 잘 섞어 바른 다음 2분 정도 더 굽는다.
❻ 닭다리살을 그릇에 담고 허브 드레싱으로 무친 양배추와 오크라를 곁들인다.

* 오크라는 고추와 생김새가 비슷하지만 토마토처럼 새콤하고 잘랐을 때 단면이 별 모양인 아욱과 채소입니다.
  (오크라에 대한 자세한 내용은 153쪽 참조)

128kcal
염분 1.2g

톳과 토마토 조림

주재료 톳 10g, 참치(캔) 20g, 옥수수(캔) 40g, 마늘 1조각, 올리브유 1/2작은술,
삶은 콩 60g, 홀 토마토(캔) 80g
양념 치킨 스톡 1/4작은술, 케첩 1큰술, 화이트와인 1큰술, 소금과 후추 약간

❶ 톳은 찬물에 30분간 담가 불린 다음 물기를 짜둔다.
❷ 참치와 옥수수는 각각 캔에 담긴 기름과 물기를 제거하고 내용물만 준비한다.
❸ 강한 불 위에 올린 냄비에 올리브유를 두르고 가열한 다음, 마늘을 먼저 볶아 향을 낸다.
❹ 참치를 넣고 가볍게 볶다가 톳과 삶은 콩도 추가로 넣는다.
❺ 재료 전체에 기름이 골고루 묻으면 으깬 홀 토마토(또는 껍질을 벗긴 토마토),
옥수수, 양념을 넣고 중불에서 조린다.
❻ 재료가 끓으면 소금과 후추로 간을 맞춘다.

Tip 참치캔에 들어 있는 기름은
참치 기름이 아니라 카놀라유나 올리브유 등의
식물성 기름이에요. 체내 흡수가 느리고
불포화지방을 함유하고 있는
좋은 기름이니 볶음 등의 요리에
활용하면 좋습니다.

23kcal
염분 0.5g

실곤약과 소송채 무침

주재료 실곤약 70g, 소송채(또는 청경채) 1/4단
조림 양념 설탕 2/3작은술, 간장 1작은술, 식초 1큰술, 연겨자 1작은술, 참기름 1/4작은술

❶ 실곤약은 싹둑싹둑 썰어서 끓는 물에 데친 다음 물기를 빼둔다.
❷ 소송채는 폭 3센티미터 크기로 잘라서 살짝 데친 다음 찬물에 헹궈 물기를 빼둔다.
❸ 실곤약과 소송채에 설탕, 간장, 식초, 연겨자, 참기름을 넣고 조물조물 무친다.

Tip 묵과 비슷하게 생긴 곤약은 수분이
90퍼센트 이상이고 영양소는 거의 없어요.
곤약 자체는 별다른 맛이 없지만 다른 음식의
맛과 향을 잘 흡수하기 때문에 조리법에
따라 다양한 맛을 낼 수 있습니다.

버섯 맑은 장국

주재료 느타리버섯 1/3팩, 잎새버섯 1/5팩, 파 2뿌리, 가쓰오부시 육수 300cc,
소금 약간, 간장 1/3작은술

❶ 느타리버섯과 잎새버섯을 가닥가닥 잘 뜯어 손질해둔다.
❷ 쪽파는 송송 작게 썰어서 그릇에 담아둔다.
❸ 냄비에 가쓰오부시 육수를 넣고 끓이다가 느타리버섯과 잎새버섯을 넣고 한소끔 끓인다.
❹ 마지막에 소금과 간장으로 간을 맞춘 다음 그릇에 붓는다.

> *Tip* 은행나무잎처럼 생긴 잎이
> 여러 겹 겹쳐 있는 잎새버섯은
> 상황버섯 다음으로 항암 효과가
> 높은 버섯이에요.

타니타 식당 통신

서양요리 레시피를 보다 보면 국물이나 소스를 만들 때 치킨 스톡, 비프 스톡 등의 고형 조미료가 빠짐
없이 등장합니다. 서양요리의 국물은 고기, 야채, 향신료 등으로 우린 '스톡(stock)'이라 불리는 육수가
맛의 베이스가 됩니다. 하지만 육수를 만드는 과정이 복잡하고 시간도 오래 걸리기 때문에 가정에서는
주로 고형으로 만든 인스턴트 스톡을 사용합니다.

아삭아삭 피로까지 씹어 없애는

아스파라거스와
돼지고기 굴소스 볶음 정식

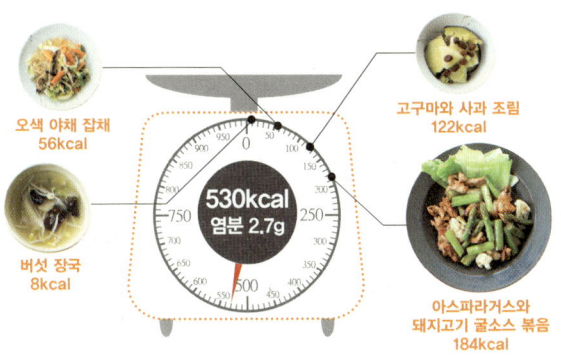

오색 야채 잡채
56kcal

고구마와 사과 조림
122kcal

버섯 장국
8kcal

530kcal
염분 2.7g

아스파라거스와
돼지고기 굴소스 볶음
184kcal

오늘의 메인 요리는 아스파라거스와 돼지고기를 이용해서 만든 중국식 볶음 요리입니다. 밥과 함께 먹어도 좋고, 중국식 꽃빵을 곁들여도 그만입니다.

아삭아삭 씹히는 맛이 독특한 아스파라거스는 봄과 여름이 제철이지요. 고대 이집트 벽화에도 아스파라거스가 그려져 있을 정도로 사람들이 먹기 시작한 지 오래된 채소입니다. 프랑스의 '태양왕' 루이 14세는 궁전 안에 아스파라거스 재배를 위한 전용 온실을 설치하고, '식품의 왕'이라는 작위까지 하사했습니다. 우리가 먹는 부위는 싹이 아니라 줄기입니다. 봄이 되면 마치 죽순처럼 줄기가 올라오기 시작해서 그냥 두면 2미터까지 자랍니다. 하지만 30센티미터 정도 자랐을 때 베어 먹는 것이 좋다고 합니다.

아스파라거스는 열량이 낮고 식이섬유가 풍부해서 다이어트와 변비 예방에 효과적입니다. 또 칼륨, 철분, 비타민C, 엽산이 풍부합니다. 아스파라거스에 많이 들어 있는 아스파라긴산은 신장의 기능을 돕고 요산이 몸 밖으로 나가는 것을 촉진합니다. 그래서 요산이 과다 축적되어 생기는 통풍에도 좋은 채소입니다. 루이 14세가 괜히 '식품의 왕'이라는 작위를 수여한 건 아닌 것 같네요.

184kcal
염분 0.7g

아스파라거스와 돼지고기 굴소스 볶음

주재료 아스파라거스 6줄기, 쪽파 1/4개, 돼지고기 뒷다리살 140g, 콜리플라워 1/5개, 양상추 1장,
기름 3/4작은술, 맛술 2작은술, 굴소스 2작은술, 후추 약간
밑간 양념 술 1작은술, 후추 1/2작은술, 녹말 1작은술, 기름 1/4작은술

❶ 아스파라거스와 쪽파는 3센티미터 길이로, 콜리플라워는 한입 크기로 자른다.

❷ 돼지고기 뒷다리살도 3센티미터 길이로 자른다.

❸ 돼지고기에 밑간 양념을 넣고 주물러 15분 정도 재어놓는다.

❹ 프라이팬을 강한 불로 달군 다음 기름을 두르고, 돼지고기 뒷다리살을 넣고 볶는다.

❺ 고기가 살짝 익으면 아스파라거스, 콜리플라워, 술을 넣고 수분이 사라질 때까지
골고루 볶는다.

❻ 분량의 굴소스와 후추, 쪽파를 넣고 볶다가 쪽파가 숨이 살짝 죽으면 불을 끈다.

❼ 양상추를 그릇에 펼친 다음, 그 위에 음식을 담는다.

오색 야채 잡채

주재료 양배추 2장, 당근 3cm, 대파 1/2뿌리, 말린 표고버섯 1개, 당면 10g
양념 참기름 3/4작은술, 간장 1작은술

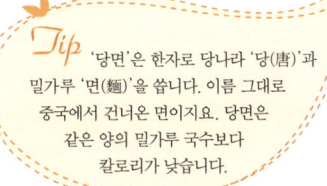

56kcal
염분 0.5g

Tip '당면'은 한자로 당나라 '당(唐)'과 밀가루 '면(麵)'을 씁니다. 이름 그대로 중국에서 건너온 면이지요. 당면은 같은 양의 밀가루 국수보다 칼로리가 낮습니다.

❶ 양배추는 굵직하게 썰고, 당근은 직사각형으로 0.5센티미터 두께로 채 썬다.

❷ 대파는 초록잎 부분을 3센티미터 길이로 자른 다음, 얇게 채 썬다.

❸ 말린 표고버섯은 물에 30분 정도 담가 불렸다가 얇게 썬다.

❹ 당면은 끓는 물에 6∼7분 간 삶은 다음, 물을 뺀 후 3센티미터 정도 길이로 자른다.

❺ 강한 불 위에 올려놓은 냄비에 참기름을 둘러 가열한 다음, 당근과 양배추를 넣고 가볍게 볶다가 대파, 표고버섯도 마저 넣는다.

❻ 야채가 익으면 당면을 넣고 볶다가 간장을 뿌려 잘 섞는다.

122kcal
염분 0g

고구마와 사과 조림

주재료 고구마 120g, 사과 1/4개, 건포도 10g
양념 설탕 2/3작은술, 버터 2g, 물 적당량, 플레인 요구르트 1큰술

Tip
설탕 대신 올리고당이나
꿀을 사용하면 칼로리를 더
낮출 수 있어요. 하지만 꿀은 장시간
조리하면 일부 성분이 파괴되니,
꿀을 사용한다면 마지막
단계에 넣으세요.

❶ 고구마는 껍질째 깨끗이 씻어 1센티미터 두께로 둥글게 자른다.

❷ 사과는 껍질을 벗기고 씨앗 부분을 제거한 다음 3밀리미터 두께로 자른다.

❸ 냄비에 고구마, 사과, 건포도, 설탕, 버터를 넣고 물을 자작하게 부은 다음 뚜껑을 덮고
   강한 불로 가열한다.

❹ 국물이 졸아들기 시작하면 약한 불로 10∼15분 정도 더 조린다.

❺ 고구마를 젓가락으로 찔러봐서 쑥 들어가면, 불을 끈 다음 플레인 요구르트를 끼얹는다.

버섯 장국

주재료 목이버섯 약간, 말린 표고버섯 1개, 콩나물 한 줌,
가쓰오부시 육수 300cc, 간장 1/3작은술, 소금 약간

Tip 목이버섯은 피를 깨끗하게
만들어주는 성질을 지닌 식품으로
꾸준히 먹으면 생리 불순과
조기 폐경을 예방하는데
효과적입니다.

① 목이버섯과 말린 표고버섯은 물에 담가 30분 정도 불린다.
② 목이버섯은 한입 크기로 찢고, 표고버섯은 큼직하게 썬다.
③ 냄비에 목이버섯, 표고버섯, 콩나물, 가쓰오부시 육수를 넣고 팔팔 끓이다가 간장과
   소금으로 간을 한다.

타니타 식당통신

다이어트를 하다보면 기름진 음식 못지않게 단 음식의 유혹도 참기 힘들죠. 단맛을 무조건 참지 말고
과일이나 고구마와 단호박처럼 단맛이 강한 야채로 요리해보세요. 바나나 껍질에 검은 점(슈거 포인트)
이 생기기 시작했을 때 우유와 얼음 몇 개를 넣고 믹서에 갈아서 바나나 주스를 만들어보세요. 설탕이
나 꿀과 같은 단맛을 내는 재료를 첨가하지 않아도 놀랄 만큼 달콤합니다.

턱까지 내려온 다크서클을 위한
연어 스테이크 정식

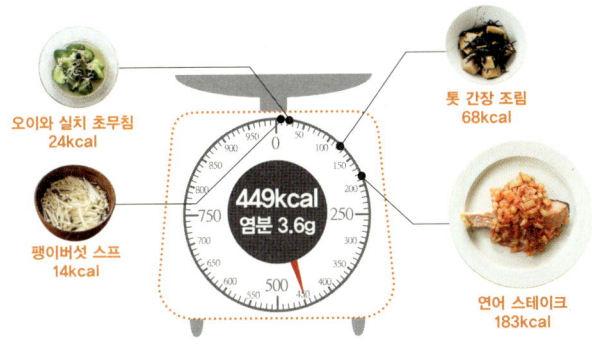

오이와 실치 초무침
24kcal

팽이버섯 스프
14kcal

449kcal
염분 3.6g

톳 간장 조림
68kcal

연어 스테이크
183kcal

직장인이라면 피할 수 없는 것 중 하나가 야근이지요. 피로가 쌓이면 눈가 피부가 가장 먼저 반응하는 것 같습니다. 판다 곰이 친구하자고 할 정도로 짙어진 다크서클은 피곤해보일 뿐만 아니라, 어딘가 아파 보이게까지 합니다. 그래서 오늘은 여러분의 안색을 환하게 만들어줄 연어 스테이크를 준비했습니다.

연어는 강에서 태어나서 바다로 가 2~5년 동안 북태평양을 누비다가, 산란기가 되면 자신이 태어난 강으로 돌아오는 신기한 습성을 가진 어류입니다. 일본의 홋카이도와 러시아의 사할린 등지에 사는 아이누족에게 연어는 겨울을 나는 중요한 식량이었습니다. 그래서 그들은 연어를 '신의 고기'라고 부르며 숭배했다고 합니다.

연어는 단백질과 지방 함량이 높고, 비타민과 미네랄이 고루 함유된 고급식품입니다. 특히 불포화지방인 DHA가 다량 들어 있어 머리를 좋게 하고, 비타민D가 풍부해서 칼슘이 우리 몸에 흡수되는 것을 돕습니다. 연어에는 오메가3도 풍부합니다. 오메가3는 혈액 속 노폐물을 몸 밖으로 배출해 다크서클을 완화시켜줍니다. 또 연어 껍질에는 콜라겐 성분도 풍부하다고 하니, 여성들이라면 화장품 파우치에 넣고 다니고 싶은 식품 아닐까요.

연어 스테이크

주재료 연어 90g 2덩어리, 소금과 후추 약간, 밀가루 2작은술, 홀 토마토(캔) 80g, 양파 1/4개, 마늘 약간, 셀러리(줄기 부분) 1/2개, 올리브유 1/2작은술

소스 간장 1/2큰술, 발사믹 식초 1작은술, 후추 약간, 바질 가루 약간

Tip 연어는 너무 익히면 푸석푸석해져요. 반 정도 익혀 (손으로 살짝 눌렀을 때 탱글탱글한 정도) 먹는 것이 가장 맛있습니다.

❶ 연어는 소금과 후추를 뿌린 다음, 밀가루를 얇게 뿌려둔다.

❷ 예열한 오븐에 종이 호일을 깔고, 연어를
   10~15분 정도 굽는다.

❸ 홀 토마토(또는 껍질 벗긴 토마토), 셀러리, 양파는
   모두 사방 1센티미터 크기로 자르고, 마늘은 잘게 다진다.

❹ 프라이팬을 중불에 올린 뒤 기름을 두르고 마늘을 볶다가 향이 나기 시작하면 양파와
   셀러리를 마저 넣고 볶는다.

❺ 재료가 어느 정도 익으면 간장, 발사믹 식초, 후추를 넣고 끓이다가 으깬 홀 토마토와
   바질 가루를 넣고 5분 정도 더 조린다.

❻ 연어를 접시에 담고 소스를 얹는다.

톳 간장 조림

주재료 톳 8g, 당근 1cm, 토란 2개, 다시마 육수 100cc
양념 설탕 1작은술, 술 1작은술, 간장 1/2큰술

① 톳은 찬물에서 담가 30분 정도 불린 다음 물기를 빼둔다.
② 토란은 껍질을 벗겨 소금을 넣고 살짝 삶아 헹궈둔다.
③ 마늘은 얇게 저미고, 토란은 한입 크기로 자른다.
④ 냄비에 다시마 육수와 양념을 넣고 강한 불에서 끓이다가 톳, 토란, 마늘을 넣고
　 10분 정도 조린다.

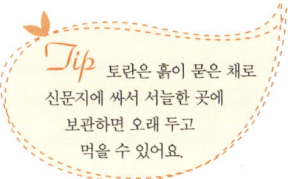

Tip 토란은 흙이 묻은 채로
신문지에 싸서 서늘한 곳에
보관하면 오래 두고
먹을 수 있어요.

오이와 실치 초무침

주재료 오이 1개, 마른 실치 10g, 소금 약간
양념 식초 2작은술, 설탕 1작은술, 간장 1/3작은술

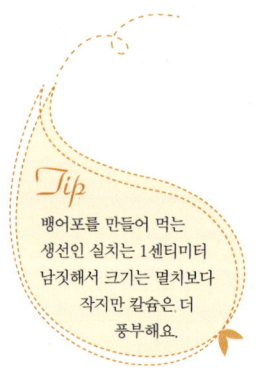

Tip

뱅어포를 만들어 먹는
생선인 실치는 1센티미터
남짓해서 크기는 멸치보다
작지만 칼슘은 더
풍부해요.

❶ 오이는 대강 썰어서 소금을 뿌려 조물조물 무쳐둔다.

❷ 오이와 마른 실치에 식초, 설탕, 간장을 넣고 무친다(식초와 설탕 대신 매실 효소 1작은술
반을 넣어도 좋다).

팽이버섯 스프

주재료 팽이버섯 1/2팩, 대파 5cm, 닭고기 육수 300cc, 소금과 후추 약간, 참기름 1/4작은술

❶ 팽이버섯은 절반 길이로 잘라서 잘 뜯어둔다.

❷ 대파는 팽이버섯과 비슷한 길이로 세로로 가늘게 채 썬다.

❸ 냄비에 닭고기 육수(닭가슴살 삶은 물)를 넣고 끓이다가 팽이버섯과 대파를 넣는다.

❹ 소금과 후추로 간을 맞추고, 한소끔 끓으면 참기름을 넣고 마무리한다.

오늘의 메인 메뉴와 사이드 메뉴는 염분의 과다 섭취를 막기 위해 식초를 이용했습니다. 신맛은 입맛을 돋구어줘 잘 활용하면 싱거운 음식도 맛있게 만들 수 있습니다. 요리할 때 소금은 꼭 천일염을 사용하기 바랍니다. 보슬보슬하고 새하얀 정제염은 바닷물을 전기분해해서 순도 높은 염화나트륨을 추출하는 방법으로 만들어집니다. 이 공정에서 염화나트륨 이외의 미네랄은 모두 제거됩니다. 또 우리가 즐겨 먹는 맛소금은 정제염에 화학조미료가 더해진 것이니 피하는 것이 좋습니다.

꿈틀꿈틀 활발한 장운동을 위한

레몬 소스를 곁들인
닭튀김 정식

소송채 무침
25kcal

야채 샐러드
24kcal

팽이버섯
두유 미소시루
55kcal

527kcal
염분 2.4g

레몬 소스를
곁들인 닭튀김
263kcal

　　　　　　타니타 식단으로 요리를 시작한지 10일 째 되는 날입니다. 어떻게 음식은 입에 잘 맞나요? 10일은 재료 본연의 맛이 서서히 느껴지는 즉, 혀가 새로운 맛에 눈을 뜨는 시기입니다.

오늘은 영화나 드라마에서 화려한 스포트라이트를 받는 주연은 아니지만, 맛깔난 연기로 극의 활력을 불어 넣는 조연 같은 식품 이야기를 해보려고 합니다. 바로 아삭아삭 씹는 맛과 특유의 향이 살아 있는 우엉입니다. 우엉은 음식의 주재료가 되는 경우는 별로 없지만, 주재료를 보좌하며 음식의 맛과 영양을 더욱 풍성하게 해줍니다.

우엉은 열량이 거의 없고 비타민 함유량도 낮습니다. 반면 섬유질이 풍부해 변비 예방에 효과적입니다. 또 우엉에 풍부한 '이눌린'이라는 성분은 신장 기능을 좋게 해 몸속 노폐물을 몸 밖으로 배출하는 일을 돕습니다. 우엉의 쌉쌀한 맛은 탄닌 성분 때문입니다. 탄닌 성분은 출혈이나 통증을 멎게 하고 염증을 완화시켜주지요. 그래서 옛날부터 민간에서는 피부 질환 치료에 우엉을 사용했습니다.

이렇게 몸에 좋은 우엉도 바지락과는 궁합이 맞지 않습니다. 우엉에 풍부한 섬유질이 바지락에 풍부한 철분의 흡수를 방해하기 때문입니다.

263kcal
염분 0.9g

레몬 소스를 곁들인 닭튀김

주재료 닭가슴살 4덩어리, 쪽파 2뿌리, 양상추 1장, 튀김용 기름, 녹말물
달걀옷 달걀 1/3개, 우유 1큰술, 밀가루 2큰술
레몬 소스 다시마 육수 50cc, 간장 1/2큰술,
설탕 2작은술, 레몬즙 2큰술

> *Tip* 레몬이나 오렌지 껍질에
> 묻어 있는 하얀 가루는 농약이 아니라
> 유통 과정에서 수분의 증발과 부패를
> 막기 위해 바른 식용 왁스예요. 인체에
> 무해하지만 껍질째 이용할 때는 소주를
> 묻혀 닦은 후 흐르는 물에
> 헹구면 됩니다.

❶ 쪽파는 길이 2센티미터 정도가 되게 자른다.

❷ 양상추는 한입 크기로 찢어둔다.

❸ 닭가슴살은 힘줄을 제거하고 달걀, 우유, 밀가루를
섞은 달걀옷을 골고루 묻힌다.

❹ 160∼170도씨(기름에 나무젓가락을 넣었을 때 2∼3초 뒤에
기포가 보글보글 올라올 때의 온도)의 기름에서 타지 않도록 주의하며 튀긴다.

❺ 냄비에 레몬 소스 재료를 넣고 약한 불에서 조리다가 마지막에 녹말물을 넣고
걸쭉하게 만든다.

❻ 그릇에 양상추와 닭가슴살을 담고 레몬 소스를 끼얹은 다음 쪽파를 얹어 장식한다.

24kcal
염분 0g

야채 샐러드

주재료 오이 1/2개, 양배추 2장, 셀러리 1/5개, 당근 3cm, 방울토마토 2개, 드레싱 적당량

❶ 오이와 양배추는 채 썰고, 셀러리는 어슷어슷 얇게 썬다.
❷ 당근은 채 썬 다음 살짝 데쳐서 물기를 뺀다.
❸ 오이, 양배추, 셀러리, 당근을 잘 섞어서 그릇에 담고, 방울토마토로 장식한다.

Tip 샐러드 맛이 밋밋하다고 느껴지면
다진 마늘 1/2작은술, 식초(또는 레몬즙)
1/2작은술, 꿀 1작은술, 간장 1큰술,
참깨 약간을 넣어 마늘 드레싱을
만들어보세요.

소송채 무침

주재료 소송채 1/4단, 콜리플라워 1/10개, 마른 미역 2g
양념 혼다시 약간(가쓰오부시 맛이 나는 분말 조미료), 간장 1/2큰술, 맛술 2/3작은술,
참깨 2/3작은술, 설탕 1/3작은술

❶ 소송채는 3센티미터 정도의 길이로 잘라서
끓는 물에 데친 다음 차가운 물에 헹궈 물기를 빼둔다.
❷ 콜리플라워는 작게 잘라서 끓는 물에 데친다.
❸ 미역은 물에 담가 불린 다음 물기를 빼둔다.
❹ 소송채, 콜리플라워, 미역에 양념을 넣고 무쳐 잠시 맛이 배어들게 한 다음,
그릇에 담아 먹는다.

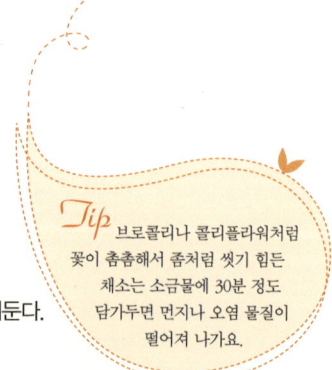

Tip 브로콜리나 콜리플라워처럼
꽃이 촘촘해서 좀처럼 씻기 힘든
채소는 소금물에 30분 정도
담가두면 먼지나 오염 물질이
떨어져 나가요.

팽이버섯 두유 미소시루

주재료 팽이버섯 1/5팩, 우엉 1/6개, 대파(흰 부분) 5cm,
가쓰오부시 육수 200cc, 미소 된장 1/2큰술, 두유 100cc

Tip 좋은 우엉은
굵고 껍질에 흠이 없으며,
잔뿌리와 혹이 없는
매끈한 것입니다.

❶ 팽이버섯은 절반 길이로 잘라 잘 뜯어둔다.

❷ 우엉은 채 썬 다음 물에 헹구어 쓴 맛을 제거하고, 대파는 작게 썬다.

❸ 냄비에 가쓰오부시 육수를 넣고 끓이다가 우엉과 팽이버섯을 넣는다.

❹ 두유와 대파를 마저 넣고 부글부글 끓어오르면 불을 끈다.

 타니타 식당통신

요리하고 남은 달걀과 두부는 이렇게 보관해보세요. 달걀은 껍데기를 깨트리고 풀어 놓은 것이라도 냉동 보관이 가능합니다. 남은 달걀은 용기에 담아 냉동하고, 사용할 때는 자연 해동하면 됩니다. 두부는 깨끗한 물에 헹군 다음 밀폐용기에 담고 두부가 완전히 잠길 정도로 찬물을 넣습니다. 이 상태에서 냉장고에 보관하면 2~3일 정도까지는 괜찮습니다.

어질어질 빈혈을 예방하는

단호박 고로케 정식

영 콘 샐러드
26kcal

고야두부 스프
58kcal

535kcal
염분 2.2g

키위 23kcal

단호박 고로케
268kcal

몸에 좋고 맛도 좋은 두부의 단 한 가지 단점이라면 짧은 유통기한일 것 같습니다. 그래서 두부를 한 모 사면 두부 찌개, 두부 부침, 두부 조림 등 물릴 때까지 두부가 들어간 요리를 먹어야만 하지요. 오늘은 두부를 사면 상해서 버리는 일이 잦거나 물릴 때까지 먹느라 고생하는 분들을 위한 비법을 한 가지 소개하겠습니다.

일본에는 1년 내내 두고 먹을 수 있는 '고야두부(高野豆腐, 고야도후)'가 있습니다. 고야두부는 나라시대(710~784년)에 고야산에 있는 절에서 한 겨울에 두부를 얼렸다가 다시 건조시켜 저장식품으로 만든 것이 기원입니다. 두부가 얼었다가 녹으면 수분이 있던 자리에 구멍이 생깁니다. 건조시킨 두부라 요리하기 전에는 딱딱하지만 국물이 이 구멍에 배어들면 점점 부드럽게 바뀝니다. 또 두부 자체에 수분이 없어 식감이 쫄깃쫄깃한 것이 특징입니다.

요리하고 남은 두부로 집에서 간단하게 시판 고야두부 맛을 흉내 낼 수 있습니다. 두부를 먹기 좋은 크기로 잘라서 키친타월로 물기를 닦아낸 후 잘 펼쳐서 얼리면 끝입니다. 얼린 두부는 해동할 필요 없이 바로 조림이나 국에 넣어 먹으면 됩니다. 오래전 스님들의 지혜가 우리의 식탁을 더욱 풍요롭게 하네요.

단호박 고로케

주재료 톳 10g, 단호박 1/10개, 참기름 1작은술,
갈은 돼지고기 100g, 소금과 후추 약간,
버터 1작은술, 빵가루 5큰술,
샐러드용 야채 약간, 우스터 소스 적당량

268kcal
염분 1.1g

Tip 비타민B12는 동물성 식품에
주로 들어 있어, 채소 위주로 다이어트를
하는 사람은 부족해지기 쉽습니다.
비타민B12가 부족해지면 악성 빈혈에
걸릴 위험이 높아집니다. 단호박은
채소지만 비타민B12가
풍부합니다.

❶ 톳은 찬물에 담가 30분간 불린 다음 물기를 제거한다.

❷ 단호박은 껍질을 벗기고 부드러워질 때까지 찐(삶아도 된다) 다음 으깨서 식힌다.

❸ 강한 불 위에 올린 프라이팬에 참기름을 두르고 가열한 다음 갈은 돼지고기를 넣고 볶는다.
고기가 익으면 톳과 소금, 후추를 넣는다.

❹ 으깬 단호박과 볶은 고기, 톳을 볼에 넣고 섞는다.

❺ 다른 프라이팬에 버터를 넣고 약한 불로 녹인 다음, 빵가루를 넣고 갈색이 될 때까지 볶는다.

❻ 단호박 반죽을 작고 둥글게 빚은 다음 빵가루를 양면에 뿌린다.

❼ 예열한 오븐에 종이 호일을 깔고 10~15분 정도 굽는다.

❽ 그릇에 담은 뒤 샐러드용 야채를 곁들이고 우스터 소스를 뿌려 마무리한다.

26kcal
염분 0g

영 콘(young corn) 샐러드

주재료 영 콘(캔) 6개, 오이 1/2개, 피망 1개, 양상추 1장, 당근 4cm, 드레싱 적당량

❶ 영 콘은 비스듬하게 절반 크기로 자르고, 오이는 채 썬다.
❷ 피망과 양상추는 가늘게 자르고, 당근은 납작하게 직사각형 모양으로 자른다.
❸ 당근과 피망은 끓는 물에 살짝 데쳐둔다.
❹ 야채를 잘 섞어서 그릇에 담고, 기호에 따라 드레싱을 뿌려서 먹는다.

Tip 옥수수(캔) 3큰술, 사과 1/4개,
양파 1/8개, 꿀 1/2작은술,
올리브유 1/2작은술, 소금과 후추 약간을
믹서에 갈면 고소하면서도 새콤한
맛이 일품이 콘드레싱을
만들 수 있습니다.

고야두부 스프

주재료 고야두부 1모, 소송채(또는 청경채) 1/10단, 당근 3cm,
베이컨 1장, 치킨 스톡 약간, 소금과 후추 약간

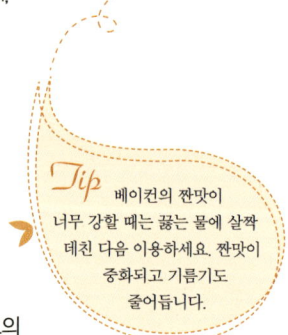

Tip 베이컨의 짠맛이
너무 강할 때는 끓는 물에 살짝
데친 다음 이용하세요. 짠맛이
중화되고 기름기도
줄어듭니다.

❶ 고야두부는 물에 담갔다가 잘 짜서, 폭 2센티미터 정도의
납작한 직사각형 모양으로 자른다.

❷ 당근은 폭 3센티미터, 베이컨은 1센티미터 정도 크기로 자른다.

❸ 소송채는 폭 3센티미터 크기로 잘라 데친 다음 물기를 빼서 그릇에 담는다.

❹ 냄비에 물을 넣고 끓이다가 치킨 스톡을 넣어 육수를 만든다(베이컨을 넣으면 짠맛이
우러나기 때문에 치킨 스톡은 짠맛이 느껴지지 않을 정도로 넣는다).

❺ 육수가 끓으면 당근과 베이컨을 넣고 좀 더 끓인다.

❻ 고야두부를 넣고 한소끔 더 끓이다가 그릇에 따라서 먹는다.

키위

주재료 키위 1개

Tip '천연 종합 영양제'라 불리는 키위는
비타민과 칼륨, 엽산, 루테인 등 우리 몸에 좋은 성분을
두루 함유하고 있는 반면 칼로리는 낮아요.
덜 익어서 신맛이 강한 키위는 잘 익은 다른
과일과 함께 비닐봉지나 밀폐용기에
하루 정도 담아 두면 먹기 좋게
숙성됩니다.

타니타 식당통신

단호박 고로케는 남녀 모두에게 대인기였습니다. 고로케를 튀기지 않고 구웠기 때문에 칼로리를 낮출 수 있었습니다. 오븐에 구우면 기름에 튀겼을 때보다 칼로리를 20퍼센트 가량 낮출 수 있습니다. 또 튀겼을 때보다는 위에 부담도 덜 주고요. 빵가루를 버터로 볶은 다음 사용했더니 기름에 튀긴 것만큼 고소하면서도 바삭바삭했습니다.

탱탱한 동안 피부를 위한

닭다리 참깨 구이 정식

오이 무침
13kcal

곤약과 당근 무침
82kcal

420kcal
염분 3.2g

맑은 콩나물국
13kcal

닭다리 참깨 구이
152kcal

아시리아(현재 이라크 북부 지역에서 번성했던 고대 국가)
신화에는 신이 인간 세상을 만들기 전에 '참깨 술'을 마셨다고 되어 있습니다.
참깨는 인류가 탄생하기 이전부터 존재했던 신이 먹던 곡식인 셈이지요.
기름을 짜낼 만큼 지방이 풍부한 참깨는 적은 양으로 많은 에너지를 냅니다.
그래서 고대 그리스 군인들은 참깨를 전투식량으로 사용하기도 했습니다.
참깨에 풍부한 올레산, 리놀렌산 등의 불포화지방산은 혈액 속에 들어 있는
콜레스테롤의 양을 줄여줘 동맥경화를 예방합니다. 리놀렌산은 신경 세포를
구성하는 주요 성분으로 부족하면 신경 질환이 생길 수 있습니다. 또 참깨는
'회춘 비타민'이라 불리는 비타민E가 풍부해 꾸준히 섭취하면
노화를 예방할 수 있습니다.
참깨의 외피는 셀룰로오스라는 섬유질로 되어 있습
니다. 그래서 살짝 볶아서 외피를 벗겨내면 소화
가 더 잘 됩니다. 참깨를 절구에 빻아 깨소금으로
만들면 소화율을 높일 수 있습니다.
블랙푸드 열풍으로 주가가 올라간 검은깨는 흰깨와
효능이 유사하지만, 칼슘을 더 많이 함유하고 있습니다.

152kcal
염분 0.7g

닭다리 참깨 구이

주재료 닭다리살 100g 2덩어리, 소금과 후추 약간, 볶은 흰깨 1큰술,
토마토 1/2개, 양파 1/10개, 양상추 1장

양념 파슬리 가루 약간, 레몬즙 약간, 타바스코 소스 약간, 소금 약간

Tip 토마토 표면에
십자 모양의 칼집을 넣은 다음, 랩을
씌우지 말고 그대로 전자레인지에
20~25초간 돌립니다. 토마토가
뜨거울 때 찬물에 담그면
껍질이 쉽게 벗겨집니다.

❶ 닭다리살은 양쪽 면에 소금과 후추를 뿌린 다음
한쪽 면에만 볶은 흰깨를 뿌려둔다.

❷ 토마토는 껍질을 벗긴 다음 씨를 빼고 과육만 잘게 썰어둔다.

❸ 양파는 잘게 썰고, 양상추는 굵게 썰어둔다.

❹ 토마토와 양파에 양념을 넣고 버무려 매콤한 살사 소스를 만든다.

❺ 예열한 오븐에 종이 호일을 깔고 닭다리살을 10~15분 정도 굽는다.

❻ 그릇에 양상추와 닭다리살을 담고 살사 소스를 뿌려 마무리한다.

112

13kcal
염분 0.6g

오이 무침

주재료 오이 1개, 마른 미역 약간, 깻잎 2장, 매실 드레싱 3큰술

❶ 오이는 길게 절반으로 가른 다음 길쭉한 반원 모양이 나오도록 어슷하게 썬다.
❷ 미역은 물에 담가 불린 다음 물기를 짜둔다.
❸ 깻잎은 채 썬다.
❹ 오이, 깻잎, 미역을 드레싱으로 버무린다.

Tip 매실 효소 2큰술, 식초 1큰술, 간장 1/2큰술, 올리브유 3/4큰술, 다진마늘 1/4큰술을 넣고 잘 섞으면 새콤한 매실 드레싱이 완성됩니다. 매실 드레싱은 고기 요리와도 잘 어울려요.

82kcal
염분 1.0g

곤약과 당근 무침

주재료 말린 표고버섯 2장, 곤약 1/3개, 당근 1/2개, 꼬투리 완두 6개,
　　　　　가쓰오부시 육수 20cc, 설탕 1/3작은술, 소금 약간, 간장 1/3작은술
두부 양념 단단한 두부 1/4모, 간장 1작은술, 참깨 1/2큰술, 설탕 1큰술

Tip
나물이나 무침 요리에
두부를 으깨 넣으면 식감도
부드러워지고 조미료를 넣지
않아도 고소한 감칠맛이
납니다.

❶ 두부는 물기를 꼭 짜둔다.

❷ 말린 표고버섯은 물에 30분 정도 불린 다음 가늘게 썰어둔다.

❸ 곤약과 당근은 납작하게 직사각형 모양으로 자른다.

❹ 곤약은 끓는 물에 살짝 데쳐 떫은맛을 제거한다.

❺ 꼬투리 완두는 데쳐서 어슷하게 절반으로 자른다.

❻ 냄비에 가쓰오부시 육수를 넣고 끓이다가 준비해둔 표고버섯, 곤약, 당근, 설탕, 간장,
　소금을 넣고 조리다가 재료가 익으면 불을 끄고 식혀둔다.

❼ 두부와 간장을 믹서에 넣고 돌려 부드럽게 만든 다음 참깨와 설탕을 넣고 섞는다.

❽ 표고버섯, 곤약, 당근에 두부 양념을 넣고 가볍게 버무린 다음, 꼬투리 완두로 장식한다.

맑은 콩나물국

주재료 콩나물 1/6봉지, 대파 10cm, 국물용 멸치 10마리, 다시마 1장(손바닥 크기),
다진 마늘 1작은술, 새우젓(또는 소금) 1작은술

❶ 대파는 얇게 어슷어슷 썰어둔다.

❷ 냄비가 달궈지면 국물용 멸치를 넣고 볶는다.

❸ 냄비에 물과 다시마를 넣고 끓이다가 팔팔 끓으면
다시마를 건져내고, 5분 정도 더 끓이다가 멸치도 건져낸다.

❹ 콩나물을 넣고 뚜껑을 연 상태로 강한 불에서 5분 정도 끓인다.

❺ 다진 마늘, 대파를 넣고 국물이 끓어오르면 불을 끄고 새우젓으로 간을 한다.

Tip 멸치를 볶아서 수분을
날려주면 육수를
만들어도 비릿한 맛이
나지 않아요.

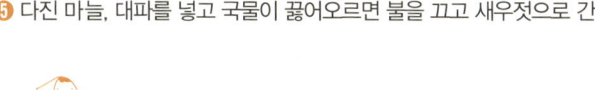

타니타 식당 뚱신

단호박은 색이 짙고 단단하며 무거운 것이 좋습니다. 잘라서 파는 것은 노란색이 짙고 씨가 많은 것을
고르면 됩니다. 요리하고 남은 단호박은 씨와 속을 파낸 다음, 잘린 면에 공기가 닿지 않도록 랩으로 싸
서 냉동실에 보관하면 오래 두고 먹을 수 있습니다.

오늘부터 입병 안녕~

와인 소스를 뿌린 돼지고기 구이 정식

곤약과 유부 조림
31kcal

우엉과 청경채 참깨 무침
101kcal

버섯 맑은 장국
12kcal

554kcal
염분 3.5g

와인 소스를 뿌린
돼지고기 구이
250kcal

저는 조금만 피곤하면 입안 점막이 동그랗게 허는 구내염이 잘 생겨요. 그냥 둬도 시간이 지나면 사라지긴 하지만 식사할 때 여간 불편한 게 아닙니다. 피곤하거나 비타민B가 부족해서 면역력이 떨어지면 구내염이 잘 생긴다고 합니다.

비타민B군은 '피로 비타민'이라는 재미있는 별명이 붙어 있습니다. 에너지 전환과 면역력을 높이는 항체를 형성하는데 깊게 관여하고 있기 때문입니다. 또 중금속이나 수은 같은 유해 물질을 몸 밖으로 배출시키는 작용도 합니다. 비타민B군 중 비타민B1은 탄수화물, 단백질, 지방을 에너지로 전환하는데 꼭 필요한 성분이지만, 몸속에서 합성되지 않아 반드시 음식물로 섭취해야 합니다. 비타민B1이 부족하면 몸이 피곤하고 무기력해지기 쉽습니다.

비타민B1을 많이 함유하고 있는 대표적인 식품이 '국민 고기' 돼지고기와 알싸한 맛이 매력적인 마늘입니다. 하지만 마늘에 들어 있는 비타민B1은 열에 약해서 가열하면 쉽게 파괴됩니다. 돼지고기는 비타민B1이 소고기보다 열 배나 많이 들어 있습니다. 또 돼지고기에 풍부한 철은 체내 흡수율이 좋아 빈혈 예방에도 효과적입니다. 오늘은 돼지고기 중에서도 지방이 적은 등심으로 담백한 구이를 해볼까 합니다.

250kcal
염분 1.0g

와인 소스를 뿌린 돼지고기 구이

주재료 돼지고기 등심 90g 2덩어리, 소금과 후추 약간, 밀가루 2작은술,
버터 1/2작은술, 양상추 1장, 파슬리 가루 약간
와인 소스 양파 1/5개, 토마토 1/5개, 마늘 약간, 기름 1/2작은술,
와인 비네거(포도주로 만든 식초) 1큰술, 간장 1/2작은술

❶ 돼지고기는 힘줄을 제거하고, 소금과 후추로 밑간을 한 다음 양쪽 면에 밀가루를 뿌린다.

❷ 예열한 오븐에 종이 호일을 깔고 돼지고기를 올린다.

❸ 버터를 녹여서 돼지고기에 바른 다음 10~15분 정도 굽는다.

❹ 양파는 사방 1센티미터 크기로 자른다

❺ 토마토는 껍질을 벗기고 씨를 뺀 다음 사방 1센티미터 크기로 자른다.

❻ 양상추는 얇게 자르고, 마늘도 잘게 다진다.

❼ 중불에 올린 프라이팬에 기름을 두르고 가열한 다음 마늘을 먼저 볶아 향을 낸다.

❽ 양파, 토마토를 마저 넣고 볶다가 소금과 후추로 간을 맞춘다.

❾ 와인 비네거를 넣고 약불에서 조리다가 간장을 추가하여 와인 소스를 완성한다.

❿ 그릇에 양상추와 돼지고기를 담고 와인 소스와 파슬리 가루를 뿌려 마무리한다.

101kcal
염분 1.0g

우엉과 청경채 참깨 무침

주재료 우엉 2/3개, 청경채 1/2개, 탈지분유 1큰술, 다시마 육수 20cc, 미소 된장 1/2큰술,
두반장 약간, 간장 1/3작은술, 볶은 참깨 2작은술, 소금과 후추 약간

① 우엉은 채 썬 다음 물에 담가 쓴맛을 빼고 끓는 물에 살짝 데쳐둔다.
② 청경채도 길이 3센티미터로 썰어 끓는 물에 살짝 데친다.
③ 다시마 육수에 탈지분유, 미소 된장을 넣고 섞는다.
④ 우엉, 청경채, 다시마 육수, 두반장, 간장, 참깨, 소금, 후추를 넣고 조물조물 무친다.

Tip 청경채는 수분이 많기
때문에 물기를 꼭 짜고 무쳐야
질척하지 않아요.

곤약과 유부 조림

주재료 곤약 1/3모, 유부 1/2장, 가쓰오부시 육수 80cc, 설탕 1작은술, 간장 1작은술

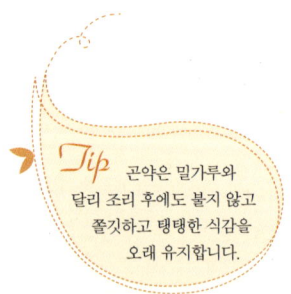

Tip 곤약은 밀가루와 달리 조리 후에도 붇지 않고 쫄깃하고 탱탱한 식감을 오래 유지합니다.

❶ 곤약은 도톰하게 썰고 양면에 사선으로 비스듬히 격자무늬가 나도록 칼집을 넣는다.

❷ 곤약은 끓는 물에 데쳐서 쓴맛을 뺀다.

❸ 유부는 굵게 채 썰고 끓는 물에 살짝 데쳐서 기름기를 뺀다.

❹ 냄비를 강한 불로 가열한 다음 곤약을 넣고 볶다가, 유부와 가쓰오부시 육수를 넣고 끓인다.

❺ 설탕과 간장으로 간을 맞추고 국물이 자작해질 때까지 중불에서 조린다.

버섯 맑은 장국

주재료 느타리버섯 1/5팩, 팽이버섯 1/10팩, 대파 5cm,
가쓰오부시 육수 300cc, 소금 약간, 간장 1/2작은술

12kcal
염분 1.0g

Tip
파의 매운 냄새인 알리신
성분은 비린내를 잡고, 위액 분비를
촉진시켜 소화를 돕습니다. 하지만
휘발성이라 오래 가열하면 효과가
사라지므로, 파는 요리할 때 맨
마지막에 넣는 게 좋아요.

❶ 느타리버섯은 손으로 가닥가닥 잘 뜯어두고, 팽이버섯은 절반 길이로 자른 다음 뜯어둔다.

❷ 대파는 잘게 송송 썬다.

❸ 냄비에 가쓰오부시 육수를 붓고 끓이다가 느타리버섯과 팽이버섯을 넣는다.

❹ 재료가 끓기 시작하면 소금과 간장으로 간을 맞춘 다음 대파를 넣고 불을 끈다.

타니타 식당통신

일반적으로 우유에는 유지방이 3.4퍼센트 정도 들어 있습니다. 일반 우유에서 지방 함유량을 0.1퍼센트
이내로 줄인 것이 탈지분유(skim milk), 지방 함유량을 2퍼센트 이내로 줄인 것이 저지방 우유(low fat
milk)입니다. 탈지분유는 국물 요리나 무침 등에 넣으면 고소한 맛을 낼 수 있습니다. 게다가 불필요한
지방 섭취는 피하면서 칼슘을 섭취하는데 도움이 됩니다.

찌뿌둥한 몸이 기지개를 켜는

닭고기 레드와인 조림 정식

무 미소시루
27kcal

아스파라거스와
새송이버섯 볶음
43kcal

474kcal
염분 3.8g

무순과 해조류 무침
12kcal

닭고기 레드와인 조림
232kcal

세계 과일 생산량의 3분의 1을 차지하며, 세계에서 가장 많이 생산되는 과일은 무엇일까요?

정답은 포도입니다. 한 해 생산되는 포도 중 70퍼센트는 포도주로 만들어지고, 22퍼센트는 생과, 나머지는 포도 주스나 기타 가공식품에 사용됩니다. 포도의 주요 생산국은 이탈리아, 프랑스, 스페인입니다. 이 세 나라가 총생산량의 35퍼센트 가량을 책임지고 있습니다.

포도의 속명은 바이티스(vitis)입니다. 바이티스는 비타민(vitamin)과 같이 '생명'이라는 뜻을 가진 라틴어 '비타(vita)'에서 유래되었습니다. 송이 하나에 커다란 알맹이가 몽글몽글 맺혀있는 포도는 아시아에서 다산(多産), 다복(多福)을 상징하며 궁궐의 담장에 새겨지기도 했습니다.

포도는 포도당과 과당이 많아서 피로 회복에 도움을 줍니다. 포도의 알맹이와 껍질에는 폴리페놀의 일종인 탄닌이 들어 있습니다. 탄닌은 항산화 작용을 일으켜 노화를 방지하고, 면역력을 향상시키는데 효과적인 성분입니다.

오늘은 레드와인과 건포도를 이용해 달콤한 포도향이 물씬 풍기는 요리를 만들어보려 합니다. 건포도는 철분도 풍부하기 때문에, 오늘 요리는 여성분들에게 꼭 권하고 싶습니다.

232kcal
염분 1.3g

닭고기 레드와인 조림

주재료 닭다리살 100g 2덩어리, 토마토 1/4개, 감자 1개,
　　　　 소금과 후추 약간, 밀가루 2작은술, 올리브유 1작은술
레드와인 소스 건포도 10g, 레드와인 40cc,
　　　　 오렌지주스 40cc, 간장 2작은술

Tip 와인은 개봉과 동시에
산화가 시작됩니다. 또 열과 빛에도
민감하지요. 마시고 남은 와인은
병을 젖은 수건으로 감싸서
냉장고 야채실(맨 아래 칸)에
보관하도록 합니다.

❶ 닭다리살은 소금과 후추를 뿌려서 밑간을 한 다음, 밀가루를 양면에 묻힌다.

❷ 토마토는 반달 모양으로 자른다.

❸ 감자는 한입 크기로 잘라서 부드럽게 익을 때까지 삶는다.

❹ 강한 불 위에 프라이팬을 올리고 올리브유를 둘러 가열한 다음, 닭다리살을 양면이
　 노릇해질 때까지 굽는다.

❺ 냄비에 레드와인 소스 재료를 넣고 조린다.

❻ 프라이팬에 구운 닭다리살과 레드와인 소스를 넣고 약불과 중불의 중간 정도에서
　 10~20분 정도 조린다.

❼ 닭다리살과 소스를 그릇에 담고 감자와 토마토를 곁들인다.

아스파라거스와 새송이버섯 볶음

주재료 아스파라거스 6줄기, 새송이버섯 1/2팩, 양파 1/4개, 버터 1/2작은술, 간장 1/2큰술

① 아스파라거스는 밑동 부분의 껍질을 필러로 벗긴 다음 3센티미터 길이로 어슷하게 썬다.
② 새송이버섯은 반으로 자른 다음 얇은 직사각형 모양으로 자르고, 양파는 채 썬다.
③ 프라이팬에 버터를 넣고 강한 불에서 녹인 다음, 아스파라거스, 새송이버섯, 양파를 넣고 볶는다.
④ 재료가 전체적으로 익으면 간장을 넣고 살짝 더 볶는다.

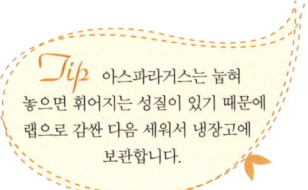

Tip 아스파라거스는 눕혀 놓으면 휘어지는 성질이 있기 때문에 랩으로 감싼 다음 세워서 냉장고에 보관합니다.

무순과 해조류 무침

주재료 무순 1/5팩, 오이 1/2개, 해조류 80g
드레싱 레몬 1/8개, 간장 1작은술, 식초 1/2작은술, 곱게 다진 양파 1작은술, 올리고당 약간

Tip 알싸한 맛이 매력적인 무순은 직접 재배해도 좋아요. 컵에 솜이나 휴지를 도톰하게 깐 다음 그 위에 무씨를 뿌립니다. 솜이 마르지 않게 분무기로 틈틈이 물을 주기만 하면 끝! 일주일 뒤면 유기농 무순을 먹을 수 있습니다.

1. 무순은 절반 길이로 자르고, 오이는 채 썬다.
2. 쌈다시마, 물미역, 해초 등의 해조류는 물에 담가 소금기를 배고 가늘게 채 썰어 얼음물에 담가둔다.
3. 레몬즙, 간장, 식초, 곱게 다진 양파, 올리고당을 잘 섞어 레몬 드레싱을 만든다.
4. 무순, 해조류, 오이를 잘 섞고 먹기 직전에 드레싱을 뿌린다.

무 미소시루

주재료 무 1cm, 대파 5cm, 다시마 육수 300cc, 미소 된장 2작은술

❶ 무는 부채꼴 모양으로 자르고, 대파는 잘게 썬다.
❷ 냄비에 다시마 육수를 넣고 끓이다가 무를 넣는다.
❸ 무가 부드러워질 정도로 익으면 대파를 넣고 미소 된장을 풀어서 마무리한다.

포도 껍질에 묻어 있는 하얀 가루의 정체는 뭘까요? 농약이 아닐까 염려한 분 많으시죠. 이 하얀 가루는 포도의 당분으로, 포도 껍질이 변해서 생성된 것입니다. 껍질색이 짙고 알이 굵고, 표면에 하얀 가루가 고루 묻어 있는 것이 맛있는 포도입니다. 송이가 지나치게 크거나 알이 너무 많이 붙어 있어도 좋지 않습니다. 달콤한 포도를 고르려면 송이 맨 아래쪽 알을 하나 따먹어 보세요. 아래쪽 알이 맛있으면 송이 전체의 맛도 좋습니다.

Day.15

혈당 잡는 사냥꾼

중국식 두부 야채 조림 정식

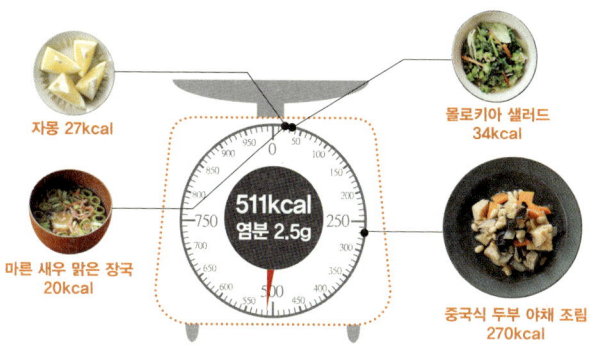

자몽 27kcal

몰로키아 샐러드
34kcal

마른 새우 맑은 장국
20kcal

511kcal
염분 2.5g

중국식 두부 야채 조림
270kcal

　　　　　　오늘 정식에 들어가는 샐러드는 색다른 채소를 사용해 만들어보려 합니다. 이집트 클레오파트라가 즐겨 먹고 아름다움을 유지했다고 전해지는 '몰로키아(molokheiya, 일본식 표기는 모로헤이야)'입니다. 고대 이집트 왕들이 기력을 회복하기 위해 애용한 것으로 유명한 채소입니다. 몰로키아는 아랍어로 '왕가의 채소'를 의미합니다.

생김새가 시금치를 닮아서 '이집트 시금치'라고 불리기도 하는데요. 시금치보다 칼슘은 다섯 배, 섬유질은 1.7배나 많습니다. 또 항산화물질인 베타카로틴과 엽산, 비타민B군도 많이 함유하고 있습니다.

몰로키아를 잘라 열을 가하면 끈적끈적한 점액이 나옵니다. 토란의 점액과 같은 무틴 성분입니다. 무틴은 탄수화물의 흡수를 느리게 해 당뇨병을 예방하고, 위 점막을 보호합니다.

몰로키아의 녹색 잎사귀는 클로로필을 많이 함유하고 있습니다. 클로로필은 살균과 콜레스테롤 조절 등의 효과가 있습니다. 오늘은 몰로키아로 왕가의 식탁을 꾸며보겠습니다.

270kcal
염분 1.5g

중국식 두부 야채 조림

주재료 아게다시 두부(또는 튀긴 두부) 2/3모, 양파 1/3개, 삶은 죽순 30g, 당근 1/2개,
목이버섯 약간, 말린 표고버섯 1장, 삶은 콩 100g, 기름 1작은술, 닭고기 육수 100cc,
녹말물 적당량
양념 간장 1큰술, 식초 1큰술, 술 2작은술, 설탕 2작은술

❶ 아게다시 두부는 한입 크기로 잘라서 끓는 물에 살짝 데친다.
(아게다시 두부를 직접 만드는 방법은 7쪽 참조)
❷ 양파는 잘게 다지고, 죽순과 당근은 한입 크기로 썰어서 끓는 물에 살짝 데친다.
❸ 목이버섯과 말린 표고버섯은 찬물에 30분 정도 담가 불린다.
❹ 목이버섯은 딱딱한 부분을 제거하고 손으로 작게 찢고, 표고버섯은 채를 썰어둔다.
❺ 강한 불 위에 올린 냄비에 기름을 넣고 가열하다가
아게다시 두부, 양파, 죽순, 당근, 목이버섯, 표고버섯을 넣고 볶는다.
❻ 재료에 기름이 골고루 묻으면 닭고기 육수와 양념, 삶은 콩을 넣고 10~15분 정도 조린다.
❼ 양념 맛이 배었으면 불을 끄고 녹말물을 넣은 다음, 약한 불에 올려놓고 재료에 국물을
끼얹으며 국물이 걸쭉해지게 한다.

34kcal
염분 0.1g

몰로키아 샐러드

주재료 몰로키아(또는 시금치) 1/2단, 오크라 10개, 당근 3cm, 양상추 1장, 참치(캔) 20g,
드레싱 적당량

❶ 몰로키아는 줄기의 딱딱한 부분을 제거하고 3센티미터 길이로 자른 다음
끓는 물에 데친다.
❷ 오크라는 끓는 물에 데친 다음 작게 자른다.
❸ 당근은 채 썰고 양상추는 손으로 찢는다.
❹ 참치는 기름을 빼둔다.
❺ 재료를 고루 섞은 뒤 좋아하는 드레싱을 뿌린다.

Tip 몰로키아에 들어 있는 클로로필
성분은 가열하면 갈색으로 변해요. 그래서 데칠 때
몰로키아 양보다 물을 다섯 배 많이 넣고,
재빨리 데쳐야 합니다. 데친 다음에는
곧바로 찬물에 넣는 것도
잊지 마세요.

마른 새우 맑은 장국

주재료 마른 새우 약간, 대파 1/2뿌리, 삶은 죽순 10g,
다시마 육수 300cc, 소금 약간, 간장 1/3작은술

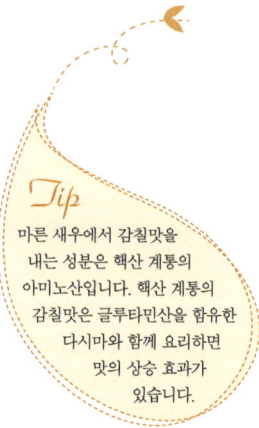

Tip
마른 새우에서 감칠맛을
내는 성분은 핵산 계통의
아미노산입니다. 핵산 계통의
감칠맛은 글루타민산을 함유한
다시마와 함께 요리하면
맛의 상승 효과가
있습니다.

❶ 프라이팬을 달군 다음 기름을 두르지 않고 마른 새우를 볶아서
  습기를 없애고 가루를 털어낸다.
❷ 대파는 작게, 삶은 죽순은 한입 크기로 자른다.
❸ 냄비에 다시마 육수를 넣고 끓이다가 대파와 삶은 죽순을 넣고 한소끔 끓으면
  소금과 간장으로 간을 맞춘다.
❹ 마른 새우를 그릇에 담고 국물을 붓는다.

27kcal
염분 0g

자몽

주재료 자몽 1/2개

Tip 자몽은 과육 색에 따라 노란 자몽,
붉은 자몽, 그린 자몽 등으로 나뉩니다. 노란 자몽은
단맛이 강하고, 붉은 자몽은 항산화 성분인 라이코펜의
함량이 높아요. 자몽은 100그램당 30칼로리로 열량이
낮고 인슐린의 분비를 억제해 당이 지방으로 변하는
것을 줄여주기 때문에 다이어트는 물론
당뇨병 환자에게도 좋습니다.

타니타 식당통신

과일은 아무리 많이 먹어도 살이 찌지 않을까요? 과일에는 비타민과 미네랄 못지않게 당분이 많기 때
문에 과일도 많이 먹으면 살이 찝니다 .

* 많이 먹는 과일 칼로리 *

수박 1쪽(30g)…50kcal	바나나 1개(300g)…120kcal	참외 1개(240g)…100kcal
토마토 1개(200g)…36kcal	감 1개(160g)…100kcal	사과 1개(200g)…100kcal
오렌지 1개(200g)…100kcal	키위 1개(70g)…32kcal	딸기 6개(100g)…30kcal
방울토마토 5개(100g)…30kcal		

으라차차 원기를 보충하는
돼지고기 구이 정식

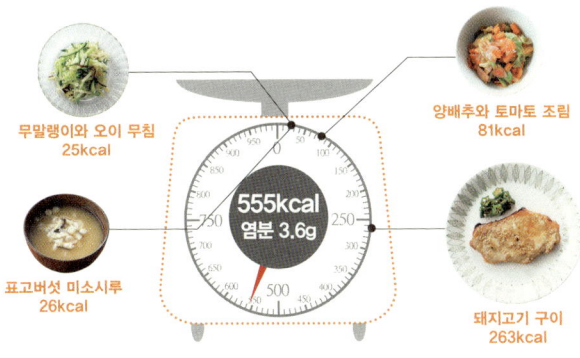

무말랭이와 오이 무침
25kcal

양배추와 토마토 조림
81kcal

555kcal
염분 3.6g

표고버섯 미소시루
26kcal

돼지고기 구이
263kcal

어떤 쌀로 밥을 지어 드시나요? 쌀을 사러 가보면 백미, 현미, 발아현미, 찹쌀, 검은쌀 등 종류도 참 다양합니다. 게다가 최근에는 '키 크는 쌀', '머리가 좋아지는 쌀' 등 특정 기능을 극대화시킨 기능성 쌀도 많습니다. 쌀만 잘 골라 먹어도 살이 빠진다는 사실 알고 계세요?

벼의 이삭인 볍씨에서 왕겨(겉껍질)를 제거하면 현미가 됩니다. 현미에서 쌀눈과 쌀겨(쌀을 찧을 때 나오는 가장 고운 속겨)를 대부분 깎아내고 배유만 남긴 것이 백미입니다. 쌀겨는 깎되 쌀눈과 배유를 남긴 것이 배아미입니다. 그리고 현미가 싹을 틔우는데 필요한 수분과 온도를 맞춰 인공적으로 싹을 틔운 것이 발아현미입니다.

쌀의 영양성분은 쌀겨에 29퍼센트, 쌀눈에 66퍼센트, 배유에 5퍼센트 가량 분포해 있습니다. 현미는 단단한 쌀겨층 때문에 맛이 거칠지만 지방, 단백질, 비타민, 라이신, 칼슘, 섬유질 등 영양이 풍부합니다. 특히 탄수화물의 신진대사 작용을 돕는 비타민B1을 많이 함유하고 있습니다. 현미에 많이 들어 있는 가바(GABA)라는 신경 전달 물질은 혈압을 낮추고 면역력을 강화시켜줍니다. 백미는 이런 좋은 성분들이 대부분 깎여나간 상태입니다. 타니타 직원식당에서는 백미와 배아미, 현미를 섞어서 밥을 짓습니다. 오늘부터 어떤 쌀로 밥을 지어야할지, 감이 오셨지요?

돼지고기 구이

주재료 돼지고기 등심 90g 2덩어리, 볶은 흰깨 1큰술,
오크라 8개, 간장 2/3작은술, 연겨자 약간

밑간 양념 달걀 1/2개, 갈은 생강 1작은술,
간장 2작은술, 맛술 1작은술

Tip

돼지고기는 공기의 접촉을 최소화
할 수 있도록 랩으로 싸서 밀폐해 보관하는
것이 좋아요. 냉장 보관한 돼지고기는 2~3일
이내에 다 먹어야합니다. 냉동 돼지고기는
해동 과정에서 육즙이 빠져 나가고 영양
성분이 손실되기 때문에, 고기는 먹을
만큼만 소량씩 구입하는 게
좋습니다.

❶ 돼지고기 등심은 달걀, 갈은 생강, 간장, 맛술을 넣고 30분 이상 재워둔다.

❷ 돼지고기에 참깨를 뿌린다.

❸ 예열한 오븐에 종이 호일을 깔고 돼지고기를 올린 다음, 10~15분 정도 굽는다.

❹ 오크라는 살짝 데쳐서 작게 썰고, 간장과 연겨자를 넣고 무친다.

❺ 접시에 구운 돼지고기를 올리고 오크라로 장식해 마무리한다.

81kcal
염분 0.9g

양배추와 토마토 조림

주재료 양배추 1/10개, 당근 4cm, 양파 1/5개, 베이컨 1장, 마늘 약간,
올리브유 1/4작은술, 홀 토마토(캔) 80g, 치킨 스톡 1/4작은술, 소금과 후추 약간

Tip 마늘은 쉽게
타기 때문에 약한
불에서 향을 살려가며
볶아야 해요.

❶ 양배추는 대강 자르고, 당근, 양파, 베이컨은 가로세로 1센티미터 크기로 얇게 썬다.
❷ 마늘은 잘게 다진다.
❸ 중불 위에 올려놓은 냄비에 기름을 두르고 가열한 다음, 마늘을 볶아 향을 낸다.
❹ 당근, 베이컨, 양배추, 양파를 넣고 볶는다.
❺ 재료가 살짝 익으면 으깬 홀 토마토(또는 껍질을 벗긴 토마토)를 넣는다.
❻ 치킨 스톡, 소금, 후추를 넣고 야채가 부드러워질 때까지 10~15분 정도 조린다.

무말랭이와 오이 무침

주재료 무말랭이 7g, 오이 1/2개, 쌈다시마 약간, 허브 드레싱 약간
허브 드레싱 식초 1작은술, 올리브유 1작은술, 레몬즙 · 소금 · 후춧가루 약간
　　　　　다진 허브(바질, 로즈마리, 민트, 깻잎 등) 1작은술

25kcal
염분 0.4g

Tip
무말랭이는 건조되는
과정에서 섬유질이 응축되기
때문에 무보다 섬유질을 15배나
많이 함유하고 있어요. 굵게 채
썬 무를 이틀 정도 바람이 잘
통하는 곳에서 말리면
무말랭이가 됩니다.

❶ 무말랭이는 물에 넣고 불린 다음 주무르듯 씻어 이물질을 제거한다.

❷ 씻은 무말랭이는 물기를 꼭 짜둔다.

❸ 쌈다시마는 물에 담궈 짠맛을 뺀다.

❹ 오이와 쌈다시는 채 썬다.

❺ 무말랭이, 오이, 쌈다시마에 허브 드레싱을 넣고 무친다.

표고버섯 미소시루

주재료 말린 표고버섯 1장, 대파 10cm, 다시마 육수 300cc, 미소 된장 2작은술

❶ 말린 표고버섯은 찬물에 넣고 불린 다음 얇게 채 썬다.

❷ 대파는 작게 송송 썰어둔다.

❸ 냄비에 다시마 육수를 붓고 끓이다가 표고버섯을 넣는다.

❹ 국물이 끓기 시작하면 파를 넣고 살짝 더 끓이다가 미소 된장을 풀고 불을 끈다.

현미는 밥을 하면 찰기가 없고 식감이 거칠어 그 맛에 익숙해지기 힘들지요. 물에 불리는 시간을 조절
하면 현미밥을 좀 더 맛있게 지을 수 있습니다. 현미는 물을 잘 흡수하지 못하므로 5~6시간 정도 충분
히 불려야 합니다. 또 밥을 지을 때 다시마 한 조각을 넣으면 밥맛이 더욱 좋아집니다. 쌀을 냉장고에
보관하는 사람들이 많은데요. 쌀은 어둡고 공기가 잘 통하는 곳에 보관해야 합니다. 비닐이나 비닐코팅
을 한 종이에 오래 보관하면 공기가 차단되어 좋지 않습니다.

피곤한 간에 링거 한 병

오징어 된장 볶음 정식

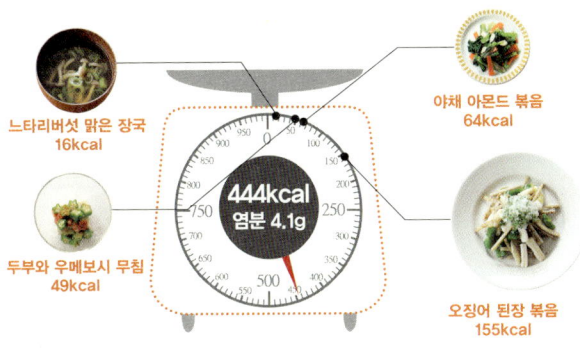

느타리버섯 맑은 장국
16kcal

야채 아몬드 볶음
64kcal

444kcal
염분 4.1g

두부와 우메보시 무침
49kcal

오징어 된장 볶음
155kcal

타니타 식단에도 자주 등장하는 닭가슴살은 살을 빼려는 사람들 사이에 단백질 보충원으로 인기가 많습니다. '또 닭가슴살이 야?'라고 중얼거리며 얼굴을 찡그릴지 모를 분들을 위해 오늘은 구수하고 쫄깃쫄깃한 오징어로 볶음 요리를 해볼까 합니다.

오징어는 해산물 가운데 단백질 함유량이 으뜸입니다. 100그램 당 19.5그램으로, 소고기보다 세 배나 많습니다. 단백질 함유량이 높은 반면 지방은 1퍼센트에 불과합니다. 콜레스테롤 함유량이 높아서 다이어트할 때 피해야 할 음식이라는 오해를 받기도 하지만, 사실 오징어는 콜레스테롤의 흡수를 막는 타우린 성분이 다른 어패류보다 2~3배나 많습니다. 마른 오징어 껍질에 묻어 있는 하얀 가루가 타우린입니다. 타우린은 간의 해독 기능을 향상시켜주고, 혈압을 내려주며, 피로 회복을 돕습니다. 또 오징어는 피를 맑고 풍부하게 하기 때문에 자궁 출혈이나 생리 불순으로 고통 받는 여성들에게 더 권할만한 식품입니다. 오징어는 내장에서 껍질까지 버릴 것이 없습니다. 특히 오징어 먹물은 블랙푸드 열풍을 타고 귀한 몸이 되었지요. 오징어 먹물은 핵산을 풍부하게 함유하고 있어 세포의 활동을 활성화시켜주며, 간 기능을 향상시키는 효능이 있습니다. 닭가슴살이 물릴 때는 오징어! 기억해두세요.

155kcal
염분 2.0g

오징어 된장 볶음

주재료 오징어 1마리, 양하(襄荷)* 1개, 대파 1/2뿌리,
우엉 1/4개, 피망 2개, 기름 1작은술, 갈은 무 2큰술,
파래 가루 1작은술

양념 미소 된장 2작은술, 간장 2작은술, 맛술 2작은술,
볶은 흰깨 1작은술, 갈은 생강 약간

Tip
오징어가 껍질이 잘
벗겨지지 않는다는 것은 그만큼
신선하다는 증거예요. 오징어는
소금을 뿌린 다음 키친타월로
문지르면 껍질을 쉽게 벗길 수
있습니다.

❶ 오징어는 내장, 뼈, 껍질을 제거하고 물로 씻은 다음 손가락 굵기로 썬다.

❷ 양하와 대파는 길게 반으로 자른 다음 얇게 어슷어슷하게 썬다.

❸ 우엉은 채 썬 다음 물에 씻고, 피망은 얇고 길쭉하게 썬다.

❹ 강한 불 위에 올린 프라이팬에 기름을 둘러 팬을 달군 다음 오징어를 볶는다.

❺ 오징어가 살짝 익으면 야채를 넣고 볶다가 물기가 좀 사라지면 양념을 넣고 골고루
저어준다.

❻ 볶은 재료들을 접시에 담고 갈은 무와 파래 가루를 올려 마무리한다.

* 양하는 생강과의 여러해살이 풀로 향긋한 향이 강해서 고기, 생선, 채소 등 어떤 재료와 함께 조리해도
잘 어울립니다. 우리나라에서는 제주도, 전라도, 경상도 지방에서 재배하고 있습니다.

64kcal
염분 0.7g

야채 아몬드 볶음

주재료 소송채(또는 시금치) 1/2 단, 당근 2cm, 숙주 1/10봉지,
슬라이스한 아몬드 약간, 기름 1/2작은술
양념 술 1/2작은술, 간장 1/2큰술, 치킨 스톡 약간, 녹말물 적당량

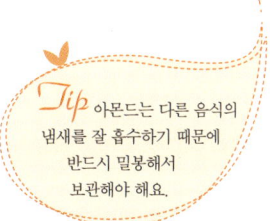

Tip 아몬드는 다른 음식의
냄새를 잘 흡수하기 때문에
반드시 밀봉해서
보관해야 해요.

❶ 소송채는 길이 3센티미터 정도 크기로 자르고, 당근은 길고 굵직하게 자른다.
❷ 슬라이스한 아몬드는 프라이팬에 넣고 타지 않도록 약한 불에서 볶은 다음,
접시에 옮겨 잘 펼쳐둔다.
❸ 강한 불에 프라이팬을 올려 놓고 기름을 둘러 달군 다음 당근, 소송채, 숙주 순으로 볶는다.
❹ 재료들이 살짝 익으면 양념을 넣고 볶다가 녹말물을 넣어 약간 걸쭉하게 만든 다음
아몬드를 뿌려 마무리한다.

두부와 우메보시 무침

주재료 연두부 1/2모, 오크라 3개, 간장 1/3작은술, 우메보시 1/2개,
매실 식초 약간(다른 식초도 사용 가능)

Tip 연두부(100그램 당
41칼로리)는 일반 두부
(100그램 당 79칼로리)보다 칼로리가
절반 정도로 낮아 다이어트에
더 효과적입니다.

❶ 연두부는 물기를 잘 뺀 다음 절반 크기로 자른다.

❷ 오크라는 끓는 물에 데친 다음 작게 자른다.

❸ 우메보시는 과육을 두드려 으깬 다음 간장을 넣어 잘 섞는다.

❹ 데친 오크라, 으깬 우메보시, 매실 식초를 잘 섞어서 두부 위에 얹는다.

16kcal
염분 1.1g

느타리버섯 맑은 장국

주재료 느타리버섯 1/3팩, 대파 1/3뿌리, 가쓰오부시 육수 300cc,
소금 약간, 간장 1/3작은술

❶ 느타리버섯은 붙어있는 부분을 잘 뜯어둔다.
❷ 대파는 작게 송송 썬다.
❸ 냄비에 가쓰오부시 육수를 넣고 끓이다가
　느타리버섯과 대파를 넣고 한소끔 더 끓인다.
❹ 소금과 간장으로 간을 맞춘다.

Tip 느타리버섯은 수분 함량이 높아
연하고 부드럽지요. 대신 저장 기간이 짧은 게
흠입니다. 머리가 부서지지 않은 버섯을
골라 물기를 없앤 다음 냉장고에
보관하는 것이 맛과 향을 오래
즐길 수 있는 비결입니다.

타니타 식당 통신

마른 오징어는 시간이 지나면 수분이 빠져나가 점점 딱딱해집니다. 너무 딱딱해진 오징어는 끓는 물에
30초 정도 넣었다가 물기를 제거한 다음 먹거나, 찬물에 한 시간 가량 불렸다가 구우면 부드러워집니
다. 먹고 남은 오징어는 작게 잘라서 육수를 만들 때 멸치처럼 활용해보세요.

날마다 새로운 정식 ● 145

더부룩한 속이 뻥 뚫리는
치킨 바비큐 정식

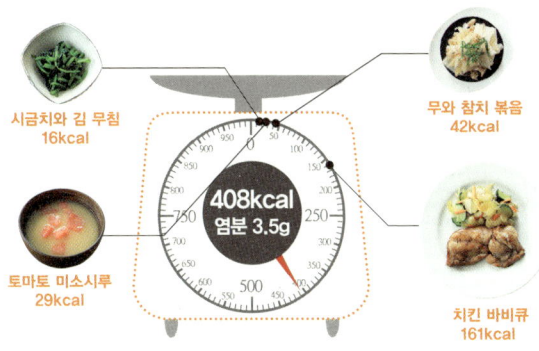

시금치와 김 무침
16kcal

무와 참치 볶음
42kcal

408kcal
염분 3.5g

토마토 미소시루
29kcal

치킨 바비큐
161kcal

무는 1년 내내 재배가 가능하지만, 특히 겨울무는 '동삼(冬參)'이라고 해서 산삼에 비유될 만큼 영양이 풍부하다고 알려져 있습니다. 특히 환절기의 불청객인 감기를 예방하는데 무 만한 것이 없습니다. 무는 사과보다 비타민C가 세 배나 많습니다. 무 껍질은 속보다 비타민C가 두 배 더 많다고 하니, 되도록 껍질을 깎아내지 않고 깨끗이 씻어 함께 먹는 것이 좋습니다.

또 무는 디아스타아제라는 소화 효소가 풍부해서 천연 소화제로 이용되기도 했습니다. 메밀국수나 생선회에 곱게 간 무를 곁들이는 이유 또한 이 때문입니다. 무는 100그램 당 칼로리도 13칼로리 밖에 안 되기 때문에 아무리 배불리 먹어도 살찔 염려가 없습니다.

최근에는 무의 매운맛 성분에 들어 있는 이소티오시아네이트에 항암 효과가 있음이 밝혀지기도 했습니다. 이 매운맛에는 염증을 없애는 효과도 있어 타박상이나 염증 부위에 무즙을 발라주면 한결 시원해집니다.

무는 초록색 부분과 흰색 부분의 대비가 선명하고 굵기가 고르고 예쁘게 생긴 것이 맛있습니다. 같은 크기라도 들어 봐서 묵직한 것이 좋습니다. 단맛이 더 나는 초록색 부분은 조림이나 찜에 사용하고 국에는 시원한 맛이 나는 흰색 부분을 사용합니다.

치킨 바비큐

주재료 닭다리살 100g 2덩어리, 오이 1/2개, 셀러리 1/2개, 양파 1/6개, 당근 1cm
고기 양념 올리브유 1/2작은술, 케첩 1/2큰술, 레드와인 1/2큰술, 간장 2/3작은술,
우스터소스 2/3작은술, 레몬즙 1/2작은술, 칠리 파우더 약간, 다진 마늘 약간,
오레가노 약간, 육두구(넛맥)* 약간,
야채 양념 간장 1작은술, 식초 1/2작은술, 올리브유 1/4작은술

❶ 닭다리살은 고기 양념에 30분 이상 재워둔다.
❷ 예열한 오븐에 종이 호일을 깔고, 닭다리살을 10~15분 정도 굽는다.
❸ 오이는 반달 모양이 나도록 얇게 자르고, 양파와 당근은 얇게 채 썬다.
❹ 손질한 야채에 야채 양념을 넣고 버무려 20분 정도 재워둔다.
❺ 구운 닭다리살을 접시에 담고 양념에 버무린 야채를 곁들인다.

＊ 넛맥이라고도 불리는 육두구는 월계수와 비슷하게 생긴 잎에 종 모양 꽃이 달리는 향료 나무의 열매입니다.
육류 요리에 사용하면 고기의 누린내를 없애줍니다.

42kcal
염분 0.7g

무와 참치 볶음

주재료 무 5cm, 깻잎 2장, 참치(캔) 40g, 참기름 1/2작은술
양념 소금과 후추 약간, 간장 1/3작은술, 술 1/2작은술

Tip 무를 보관할 때는 잎을 잘라내고
신문지로 감싼 다음 물을 뿌립니다.
무는 햇볕을 쪼이면 매운맛이 더
강해지므로 그대로 비닐봉지에 담아
냉장고 야채실에 세워놓습니다.

❶ 무는 직사각형 모양으로 얇게 썰고, 깻잎은 얇게 채 썬다.

❷ 참치는 기름을 빼둔다.

❸ 강한 불 위에 올린 프라이팬에 참기름을 둘러 달군 뒤 무를 볶는다.

❹ 무가 익어 투명해지면 소금, 후추, 참치를 넣고 볶는다.

❺ 간장과 술로 맛을 내어 그릇에 담고 깻잎으로 장식한다.

시금치와 김 무침

주재료 시금치 1/2단, 구운김 1/2장, 간장 2/3작은술, 다진 마늘 약간, 참기름 약간

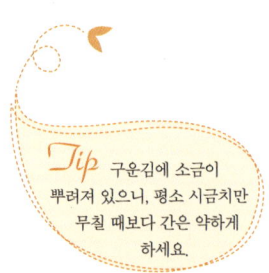

Tip 구운김에 소금이 뿌려져 있으니, 평소 시금치만 무칠 때보다 간은 약하게 하세요.

① 시금치는 끓는 물에 소금을 약간 넣고 1분 정도 데친 다음 찬물에 헹군다.

② 시금치의 물기를 꼭 짠 다음 3센티미터 길이로 자른다.

③ 구운김을 비닐봉지에 넣고 손으로 마구 구겨 잘게 부순다.

④ 시금치와 부순 김, 다진 마늘, 참기름, 간장을 넣고 조물조물 무친다.

토마토 미소시루

주재료 토마토 1/4개, 다시마 육수 300cc, 미소 된장 2작은술

❶ 토마토는 껍질을 벗긴 다음 씨를 제거하고
　사방 2센티미터 크기로 잘라서 그릇에 담는다.
❷ 냄비에 다시마 육수를 끓이다가 미소 된장을
　풀어 넣은 다음 그릇에 붓는다.

Tip 토마토가 붉을수록 라이코펜이
풍부해집니다. 라이코펜은 강력한 항산화
물질로 노화 방지에 효과적일뿐만 아니라
변비 해소, 지방 연소율을 높여
다이어트에 많은 도움을 줍니다.

 타니타 식당통신

허브는 서양 요리에서 빠지지 않는 재료지요. 허브 오일이나 허브 식초를 만들어두면 샐러드 소스를 만
들거나 생선이나 육류의 비린내를 없앨 때 간편하게 사용할 수 있습니다. 허브를 올리브유에 푹 담갔다
가 일주일 후에 건져내면 허브 오일이 됩니다. 허브 오일은 만든 지 6주 내에 사용해야 합니다. 허브 식
초는 식초에 허브를 담가 향을 우려내면 됩니다. 허브 식초는 6개월까지 사용할 수 있습니다.

Day.19

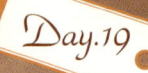

지친 위를 살포시 감싸는

돼지고기 된장 볶음 정식

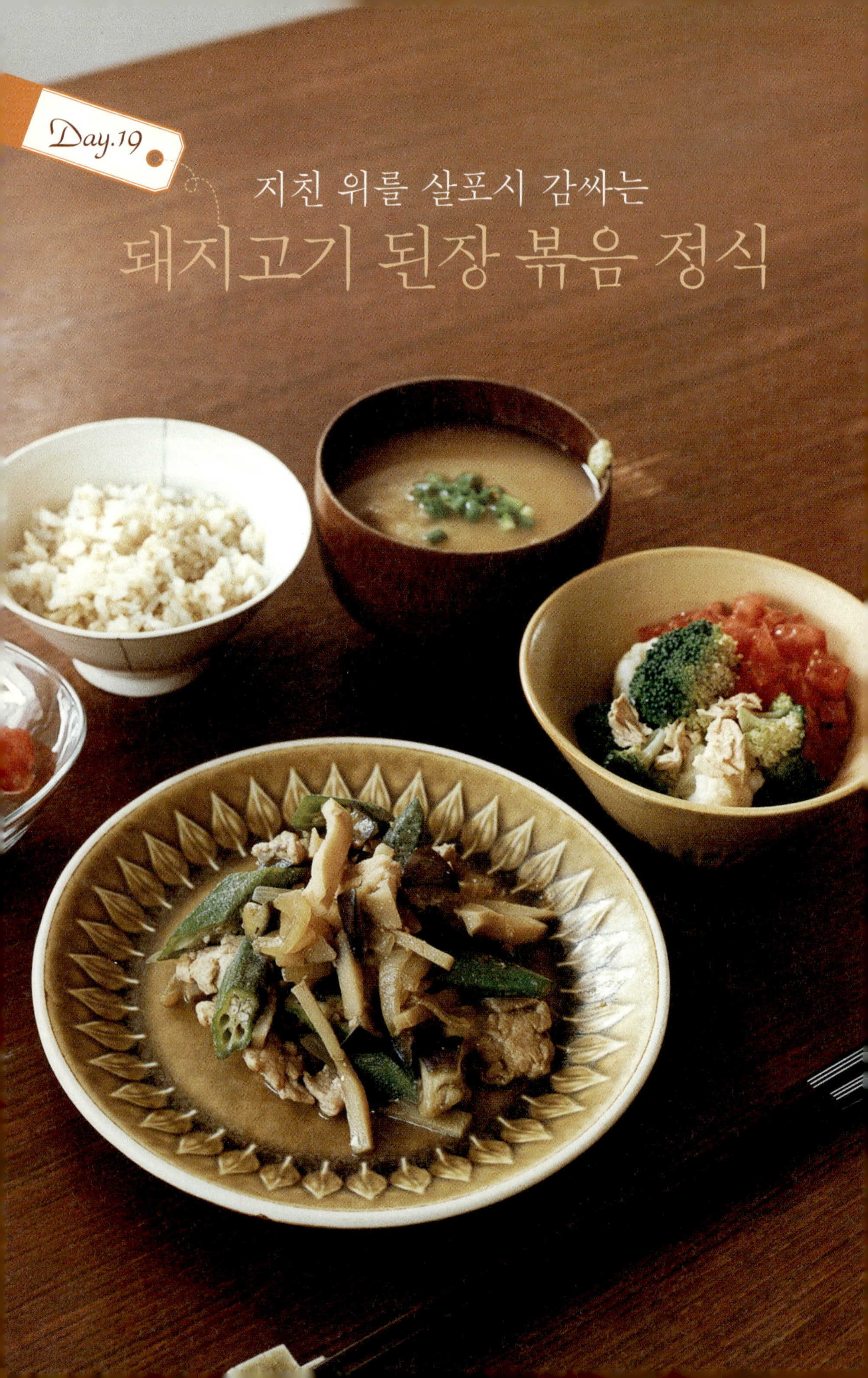

참마국
57kcal

브로콜리와 콜리플라워 샐러드
64kcal

538kcal
염분 2.5g

수박
44kcal

돼지고기 된장 볶음
213kcal

　　　　　　화려한 장식의 모자를 쓰고 발끝까지 내려오는 길
고 풍성한 드레스를 입은 귀부인을 떠올려보세요. 걸음걸이마저 우아한 이
귀부인의 손가락을 닮은 채소는 어떤 모양일까요?

얼핏 봐서는 고추를 닮은 듯 보이는 오크라(okra)는 영어로 '귀부인의 손가락
(lady's fingers)'이라는 별칭이 붙어 있습니다. 아프리카가 원산지인 이 채소
는 17세기에 노예로 팔려나간 아프리카인들을 통해 브라질과 미국 등지에 전
해졌다고 합니다.

가지와 아스파라거스를 섞은 듯 순한 맛의 오크라는 데쳤을 때 미끈거리는
점액질이 나오는 것이 특징입니다. 일본에서는 끈적끈적한 점액이 실처럼 늘
어지는 식품을 즐겨 먹습니다. 대표적인 식품이 낫토, 참마, 몰로키아, 다시마
입니다. 점액질 성분은 수용성 섬유질로 위벽을 보호하고 위염과
위궤양을 예방합니다. 또 지방이나 당을 몸 밖으로 배출시키는
기능이 있어 혈중 콜레스테롤과 혈당을 낮추는데 효과가 있습니
다. 또 오크라를 잘랐을 때 나오는 예쁜 별모양 단면은
음식을 먹기 전에 눈을 충분히 즐겁게 합니다.

오늘, 귀부인과의 건강한 식사에 여러분을 초대합니
다. 함께하실 거죠?

213kcal
염분 1.4g

돼지고기 된장 볶음

주재료 돼지고기 뒷다리 살(채 썬 것) 160g, 양파 1/4개,
삶은 죽순 60g, 가지 1개, 오크라 6개,
생강 1/2조각, 기름 3/4작은술

양념 미소 된장 2작은술, 설탕 1작은술, 술 1/2큰술,
맛술 1작은술, 간장 2/3작은술, 소금 약간

Tip 가지는 열량이 낮고 섬유질과
칼륨이 풍부해서 다이어트에 효과적인
식품입니다. 하지만 가지는 다른 채소보다
지방을 훨씬 잘 흡수하기 때문에
튀기면 고칼로리 식품과
진배없습니다.

❶ 돼지고기 뒷다리 살은 채 썰고, 양파와 죽순도 비슷한 모양으로 얇게 썬다.

❷ 가지는 작게 대강 자르고, 오크라는 데쳐서 어슷하게 3등분 한다.

❸ 생강은 얇게 채 썬다.

❹ 강한 불 위에 올린 프라이팬에 기름을 두르고 달군 다음, 생강과 돼지고기 뒷다리살을 넣고
볶는다.

❺ 고기가 어느 정도 익으면 양파, 죽순, 가지를 넣고 함께 볶는다.

❻ 양념을 넣고 볶다가 마지막에 오크라를 넣고 가볍게 볶아 마무리한다.

64kcal
염분 0.1g

브로콜리와 콜리플라워 샐러드

주재료 토마토 1개, 브로콜리 1/5개, 콜리플라워 1/3개, 참치(캔) 20g, 드레싱 적당량

❶ 토마토는 사방 1센티미터 크기로 깍뚝 썬다.
❷ 브로콜리와 콜리플라워는 작게 송이를 떼어낸 다음 데친다.
❸ 참치는 기름을 빼둔다.
❹ 브로콜리와 콜리플라워, 참치가 잘 섞이도록 버무린 다음,
　그릇에 담고 토마토를 곁들인다.
❺ 기호에 따라 드레싱을 뿌려서 먹는다.

Tip

토마토는 96퍼센트가 수분으로
채워져 있습니다. 그만큼 칼로리가
매우 낮고 포만감은 높기 때문에
많이 먹어도 살찌지 않아요.

참마국

주재료 참마 10cm, 쪽파 2뿌리, 고추냉이 약간, 다시마 육수 200cc, 미소 된장 2작은술

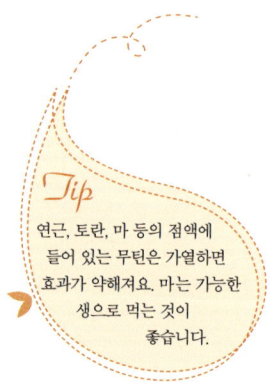

Tip

연근, 토란, 마 등의 점액에 들어 있는 무틴은 가열하면 효과가 약해져요. 마는 가능한 생으로 먹는 것이 좋습니다.

❶ 참마는 껍질을 벗기고 갈아둔다.
❷ 쪽파는 작게 송송 썬다.
❸ 갈은 참마를 그릇에 담고, 고추냉이는 그릇 끝에 살짝 묻혀둔다.
❹ 냄비에 다시마 육수를 붓고 끓이다가 미소 된장을 풀어 넣은 다음, 불을 끄고 살짝 식힌다.
❺ 그릇에 국물을 붓고 쪽파를 넣어 마무리한다.

수박

주재료 수박 400g

Tip 수박의 붉은 색소인 라이코펜은
강력한 항암 효과뿐 아니라 이뇨 작용과
노화 방지에 탁월한 효과를 발휘합니다.
또 해독 작용이 뛰어나서 음주 후 알코올의
분해와 배설을 돕고, 인후염이나
편도선염 등으로 인한 발열 증상과
통증을 완화시켜줍니다.

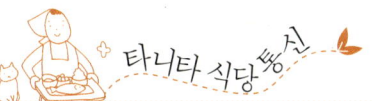

오크라와 참마의 끈적끈적한 점액에 어느 정도 적응되었다면 참마 드레싱을 만들어보세요. 재료는 참마 100그램, 레몬 1/2개, 꿀 3큰술, 플레인 요구르트 1개, 소금과 후추 약간, 견과류 1큰술입니다. 참마는 껍질을 벗겨 깍뚝 썰고, 레몬은 즙을 냅니다. 견과류를 제외한 모든 재료를 믹서에 넣고 갈아줍니다. 마지막으로 여기에 견과류를 섞으면 저칼로리 참마 드레싱이 완성됩니다.

Day.20

콜레스테롤 킬러들의 만찬

무즙을 얹은
닭고기 구이 정식

소송채와 연어 무침
25kcal

다시마 미소시루
24kcal

464kcal
염분 3.6g

라따뚜이
96kcal

무즙을 얹은 닭고기 구이
159kcal

'차이니스 패러독스'라는 말 들어보셨나요? 기름진 음식을 많이 먹는 중국인들이 아이러니하게도 심혈관 질환으로 인한 사망률은 낮은 것을 가리키는 용어입니다. 차이니스 패러독스의 원인은 중국인들의 식탁에서 빠지지 않는 '차'와 '양파'라고 합니다. 양파는 타니타 식단의 많은 요리들을 묵묵히 뒷받침해준 지원군이기도 하죠.

우리 몸에는 '활성산소'라는 게 있습니다. 스트레스를 받거나 음주, 흡연, 자외선 등을 통해 과잉 생성되는 활성산소는 세포를 공격해서 산화작용을 일으킵니다. 양파에는 이 활성산소를 제거하는 강력한 항산화 물질인 케르세틴이 풍부합니다. 케르세틴은 콜레스테롤의 배출을 유도해 심혈관 질환을 예방합니다. 양파에는 브로콜리의 세 배, 사과의 여섯 배나 많은 케르세틴이 들어 있습니다.

또 식이섬유는 사과와 무보다 많고 고구마보다 조금 적습니다. 식이섬유는 당과 지방의 흡수를 늦추고 콜레스테롤을 낮추지요. 뿐만 아니라 양파는 살균력도 뛰어납니다. 대장균이나 식중독을 일으키는 살모넬라균 등을 죽이기 때문에 식중독 예방에도 도움이 됩니다. 양파의 좋은 점은 까도 까도 끝이 없을 것 같네요.

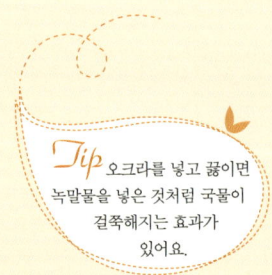

무즙을 얹은 닭고기 구이

주재료 닭다리살 100g 2덩어리, 무 3cm, 오크라 4개, 맛버섯 1/2팩, 밀가루 1큰술
소스 다시마 육수 50cc, 간장 2작은술, 설탕 1작은술, 술 1작은술

Tip 오크라를 넣고 끓이면
녹말물을 넣은 것처럼 국물이
걸쭉해지는 효과가
있어요.

❶ 예열한 오븐에 종이 호일을 깔고 양쪽 면에 전분을 묻힌 닭다리살을 올린 다음
   10~15분 정도 굽는다.
❷ 무는 갈아두고, 오크라는 데쳐서 작게 썰어둔다.
❸ 냄비에 소스 재료를 넣고 끓이다가, 끓기 시작하면 갈아 놓은 무와 맛버섯을 넣는다.
❹ 구운 닭다리살을 소스와 함께 살짝 조린다.
❺ 조린 닭다리살을 그릇에 옮겨 담고 소스와 잘 섞은 오크라를 그 위에 얹어 마무리한다.

96kcal
염분 1.1g

라따뚜이*

주재료 베이컨 1장, 오이(또는 호박) 1/5개, 가지 1개, 양파 1/4개, 마늘 약간,
홀 토마토(캔) 140g, 올리브유 1/2작은술, 화이트와인 1큰술, 치킨 스톡 1/2작은술,
월계수 적당량, 후추 약간, 바질 가루 약간

Tip 토마토에 풍부한
라이코펜은 지용성 비타민으로
기름과 함께 조리하면 흡수율이
더 높아져요.

❶ 베이컨, 오이, 가지는 가로세로 1센티미터 크기로 자르고 양파는 얇게 채 썬다.
❷ 마늘은 얇게 편으로 썬다.
❸ 중불 위에 올린 프라이팬에 기름을 두르고 달군 다음 마늘을 넣고 볶아서 향을 낸다.
❹ 프라이팬에 베이컨, 오이, 가지, 양파를 함께 넣고 볶다가 화이트와인, 치킨 스톡, 월계수,
으깬 홀 토마토를 넣은 다음 뚜껑을 덮고 졸아들 때까지 강한 불에서 끓인다.
❺ 재료가 어느 정도 졸아들면 후추와 바질 가루를 넣고 약한 불로 줄여서 야채가
익을 때까지 더 끓인다.

* 라따뚜이는 프랑스 프로방스 지방에서 즐겨 먹는 야채 스튜입니다.

소송채와 연어 무침

주재료 익힌 연어 20g, 소송채(또는 청경채) 1/3단, 말린 미역 약간, 간장 1/2작은술

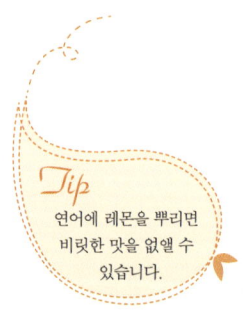

Tip
연어에 레몬을 뿌리면
비릿한 맛을 없앨 수
있습니다.

❶ 연어는 숟가락으로 으깨서 살을 부순다.

❷ 소송채는 길이 3센티미터 크기로 잘라 끓는 물에 데친 다음, 찬물에 헹궈 물기를 빼둔다.

❸ 미역은 물에 불렸다가 물을 꼭 짜낸 다음, 한입 크기로 자른다.

❹ 연어와 소송채, 미역을 간장으로 버무린다.

24kcal
염분 1.0g

다시마 미소시루

주재료 쌈다시마 약간, 대파 10cm, 다시마 육수 300cc, 미소 된장 2작은술

❶ 쌈다시마는 물에 담가 짠맛을 뺀 다음, 얇게 채 썬다.
❷ 대파는 잘게 송송 썰어둔다.
❸ 냄비에 다시마 육수를 넣고 끓이다가 대파를 넣는다.
❹ 국물이 끓으면 미소 된장을 풀어 넣은 다음 그릇에 옮겨 담는다.

차이니스 패러독스는 프렌치 패더독스를 본 뜬 말입니다. 프렌치 패더독스는 1991년 미국의 한 방송에서 지방 섭취량이 비슷한 프랑스인과 미국인의 심장병 사망률을 비교했는데, 프랑스인의 심장병 사망률이 더 낮게 나온데서 유래된 말입니다. 프렌치 패러독스의 열쇠는 프랑스인들이 일상적으로 즐기는 와인에 풍부한 폴리페놀 성분으로 추정되고 있습니다.

암을 이기는 한 끼

닭고기 땅콩 탕수육 정식

곤약과 세발나물 조림
15kcal

문어 된장 초무침
61kcal

567kcal
염분 3.8g

무순 스프
18kcal

닭고기 땅콩 탕수육
313kcal

　　　　　　저칼로리 식품인 버섯은 타니타 식단에서 '약방에
감초'와 같은 식품이지요. 특히 표고버섯은 활용도와 영양 면에서 단연 돋보
입니다.

표고버섯은 돼지고기와 찰떡궁합 식품입니다. 표고버섯에 풍부한 에리다데
민이 육류의 콜레스테롤이 체내에 흡수되는 것을 막아주기 때문입니다. 또
돼지고기의 누린내를 잡아주기도 합니다. 에리다데민은 마른 버섯을 물에 불
릴 때 녹아나오므로, 버섯을 불렸던 물은 버리지 말고 국물이나 조림 요리에
사용하면 좋습니다.

표고버섯은 무, 우엉 등의 뿌리채소와 함께 항암 효과가 있다고 알려진 대표
적인 식품입니다. 표고버섯은 인체 면역계에 작용하는 천연 방어물
질인 인터페론을 만들어냅니다. 인터페론은 암 치료제로 쓰일 뿐
만 아니라 모든 바이러스 병의 특효약으로 각광받는 성분입니다.
요리할 때는 생 표고버섯보다 말린 표고버섯을 더 많이 이용하지요. 여기에
도 이유가 있습니다. 표고버섯에 들어 있는 에르고스테린이
햇빛을 받으면 비타민D로 전환되기 때문입니
다. 말린 표고버섯은 생 표고버섯보다 비타민D
가 여섯 배나 많습니다.

닭고기 땅콩 탕수육

주재료 닭다리살 200g, 땅콩 10알, 말린 표고버섯 2장, 파인애플(캔) 1/2조각, 양파 1/2개,
피망 1/2개, 당근 1cm, 삶은 죽순 40g, 생강 약간, 마늘 1/2조각, 기름 1작은술,
양상추 1장, 밀가루 4작은술, 녹말물 적당량, 튀김용 기름 적당량,

고기 양념 식초 1/3작은술, 간장 1/3작은술, 갈은 생강 약간

소스 술 1큰술, 간장 2작은술, 설탕 1큰술, 닭고기 육수 140cc, 후추 약간

❶ 닭다리살은 한입 크기로 잘라 고기 양념을 넣고 버무린 다음 20분 정도 재워둔다.

❷ 닭다리살에 밀가루를 뿌린 다음, 170〜180도씨(나무젓가락을 넣었을 때 2〜3초 뒤에
기포가 올라올 때의 기름 온도) 정도로 달군 기름에 튀긴다.

❸ 양파, 피망, 당근, 죽순은 작게 썰고, 말린 표고버섯은 찬물에 30분 정도 담가 불린 다음
얇게 썬다.

❹ 파인애플은 한입 크기로 자르고, 생강과 마늘은 다진다.

❺ 중불 위에 올린 프라이팬에 기름을 두르고 가열한 다음 마늘, 생강을 넣고 볶아
향이 나게 한 다음 야채들을 넣고 볶는다.

❻ 소스 재료를 넣고 끓이다가 파인애플과 피망을 넣고 불을 끈다.

❼ 소스에 녹말물을 넣어 걸쭉하게 만든다.

❽ 접시에 양상추를 펴고 튀긴 닭다리살을 그 위에 담고 소스를 뿌린다.

61kcal
염분 0.7g

문어 된장 초무침

주재료 데친 문어 40g, 오크라 6개, 쪽파 1/3단
양념 미소 된장 1/2큰술, 맛술 2/3작은술, 설탕 1작은술, 술 1작은술, 식초 1작은술, 연겨자 1작은술

❶ 데친 문어를 얇게 자르고, 오크라는 데쳐서 어슷하게 자른다.
❷ 쪽파는 길이 3센티미터 정도로 잘라서 살짝 데친다.
❸ 데친 문어와 쪽파, 오크라에 양념을 넣고 무친다.

Tip 문어를 직접 데친다면 이렇게
해보세요. 무를 큼직하게 썰어
냄비에 깔고, 소주 한 잔, 식초 1큰술과 물을 넣고
끓입니다. 물이 끓기 시작하면 무 위에 문어를
올려놓고 데치세요. 무에 풍부한 효소가
문어를 더욱 부드럽게 해줍니다.

곤약과 세발나물 조림

주재료 곤약 1/2모, 세발나물 1/2팩, 다시마 육수 40cc
양념 술 1작은술, 간장 1/2큰술, 설탕 1/2작은술

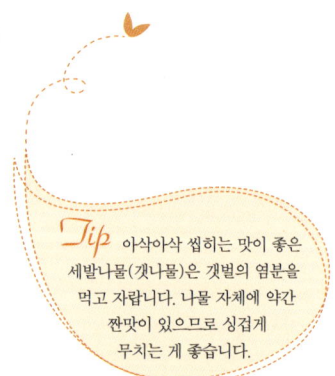

Tip 아삭아삭 씹히는 맛이 좋은
세발나물(갯나물)은 갯벌의 염분을
먹고 자랍니다. 나물 자체에 약간
짠맛이 있으므로 싱겁게
무치는 게 좋습니다.

❶ 곤약은 양쪽 면에 격자무늬로 칼집을 넣고 큼직하게 자른 다음, 끓는 물에 데쳐서
  떫은맛을 제거한다.
❷ 세발나물은 먹기 좋은 크기로 큼직하게 자른다.
❸ 냄비에 다시마 육수와 양념, 곤약을 넣고 뚜껑을 덮은 다음 끓인다.
❹ 국물이 끓기 시작하면 약한 불에서 20분 정도 더 끓이다가 세발나물을 넣고 팔팔 끓인다.

18kcal
염분 0.9g

무순 스프

주재료 옥수수(캔) 1큰술, 무순 1/5팩, 말린 미역 약간,
치킨 스톡 약간, 소금과 후추 약간

Tip 옥수수 통조림은 개봉 후
며칠이 지나면 쉰 냄새가 납니다.
먹고 남은 옥수수 통조림은 알맹이만
찬물에 헹궈 다른 용기에
보관하는 게 좋습니다.

❶ 무순은 절반 길이로 자른다.

❷ 미역은 물에 넣어 불린 다음 물기를 빼고 한입 크기로 잘라 놓는다.

❸ 무순과 옥수수, 미역을 그릇에 담는다.

❹ 냄비에 물 두 컵과 치킨 스톡을 약간 넣고 끓이다가 소금과 후추로 간을 맞추어 그릇에 붓는다.

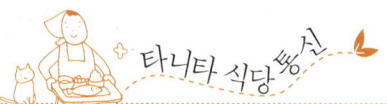

타니타 식당통신

하우스 재배가 일반화되면서 식탁에서 계절감이 사라졌어요. 하지만 '제철 먹거리는 잘 지은 보약 한
첩에 버금간다'는 말이 있지요. 비, 바람, 추위, 햇살을 맞으며 자란 제철 먹거리와 생육 조건을 인공적
으로 맞춰 키운 먹거리 간에는 품고 있는 생명력에서 차이가 날 수밖에 없습니다. 여기 소개하는 나물
의 제철을 달력에 표시했다가 꼭 챙겨 드시길 바래요.

2∼3월 : 냉이, 봄동, 달래 / 4∼5월 : 쑥, 두릅, 상추, 돌나물, 쪽파, 죽순, 도라지, 부추, 미나리, 취나물, 고사리, 씀바귀, 머위

6월 : 근대, 오이 / 7월 : 고구마줄기, 노각, 가지, 깻잎, 애호박 / 8월 : 시금치, 참나물 / 9∼11월 : 무, 우엉, 당근, 연근

뼈 튼튼 몸 튼튼

방어 간장 구이 정식

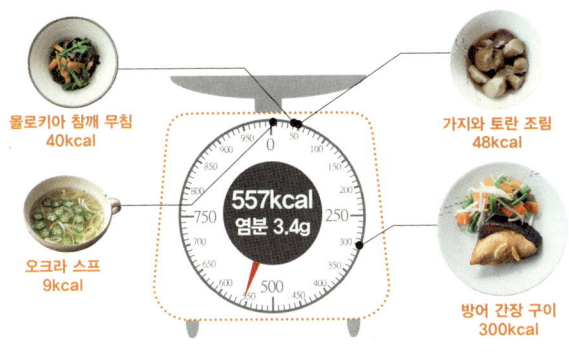

몰로키아 참깨 무침
40kcal

가지와 토란 조림
48kcal

오크라 스프
9kcal

557kcal
염분 3.4g

방어 간장 구이
300kcal

'봄 도다리, 여름 병어, 가을 전어, 겨울 방어'라는
말이 있지요. 뾰족한 입과 꼬리, 노란 줄무늬가 그려진 원추형의 날씬한 몸.
방어는 2~4월이 산란기로 11월에서 2월까지는 몸에 많은 영양분을 보충하고
있기 때문에, 겨울에 가장 맛이 좋습니다. 몸길이가 작게는 30센티미터에서
크게는 110센티미터까지 자랍니다. 보통 생선은 클수록 맛이 없다고 하지만
방어는 클수록 맛이 있습니다.

방어는 두뇌 발달에 꼭 필요한 DHA, EPA 같은 불포화지방산을 많이 함유하
고 있습니다. 불포화지방산의 하루 권장섭취량의 다섯 배가 들어
있어 고혈압, 동맥경화, 심근경색, 뇌졸중 등 순환기 계통의 질환
을 예방하는데 효과적인 식품입니다. 단백질은 가다랑어 다음으
로 많은 생선입니다. 방어는 또 비타민D를 많이 함유하고 있습니다. 비타
민D는 뼈를 만드는데 꼭 필요한 영양소인 칼슘과 인의 흡수를 도와 골다공증
과 노화를 예방합니다.

방어가 바다 속에서 헤엄치는 모습을 직접 보지
는 못했지만, 참치 못지않게 속도가 빠르다고 합니
다. 그만큼 근육이 잘 발달해서 회로 먹으면 쫄깃한 맛이 일품입니다.

방어 간장 구이

주재료 방어 100g 2덩어리, 당근 2cm, 그린 빈 4개, 숙주 1/5봉지, 기름 1/2작은술, 소금 약간
양념 간장 1큰술, 맛술 1작은술, 술 1/2큰술, 마늘(슬라이스) 1조각

Tip 껍질 째 먹는 콩인 그린빈은
완두콩과 녹두가 갖고 있는
피부 보호 성분이 들어 있어
피부를 생기 있게 만드는
효과가 있어요.

❶ 방어를 양념에 30분 정도 재워둔다.

❷ 당근은 얇게 직사각형 모양으로 자르고, 그린 빈은 길이가 3센티미터 정도가 되게 자른다.

❸ 강한 불 위에 올린 프라이팬에 기름을 두르고 달군 다음
그린 빈, 당근, 숙주를 볶다가 소금으로 간을 맞춘다.

❹ 예열한 오븐에 종이 호일을 깔고 방어를 넣은 다음 10~15분 정도 굽는다.

❺ 방어를 재워두었던 양념은 냄비에 조려서 방어 위에 바르고 5분 정도 더 굽는다.

❻ 접시에 구은 방어와 볶은 야채를 담는다.

가지와 토란 조림

주재료 가지 1개, 토란 1개
양념 맛술 1작은술, 간장 1작은술, 다시마 육수 80cc

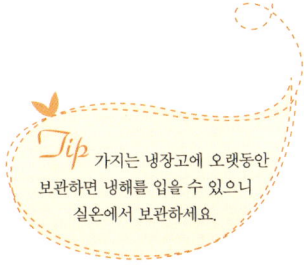

Tip 가지는 냉장고에 오랫동안 보관하면 냉해를 입을 수 있으니 실온에서 보관하세요.

❶ 가지는 토막 내어 4등분하고, 물에 씻어 떫은맛을 제거한다.
❷ 토란은 껍질을 벗기고 큼직하게 썰어 쌀뜨물에 담가 아린 맛을 없앤다.
❸ 냄비에 양념을 넣고 조리다가 가지와 토란을 넣고 토란이 부드러워질 때까지 조린다.

몰로키아 참깨 무침

주재료 몰로키아 1/2단, 시금치 1/4단, 당근 2cm
양념 깨소금 1작은술, 설탕 1/2작은술, 간장 1작은술

Tip
시금치, 청경채, 소송채 등을
녹황색 채소라고 하지요.
이런 채소들은 서로 호환해서
활용할 수 있어요.

❶ 몰로키아와 시금치는 길이 3센티미터 정도로 잘라 끓는 물에 살짝 데친 다음,
   물기를 꼭 짠다.
❷ 당근도 얇게 직사각형 모양으로 잘라 끓는 물에 살짝 데친다.
❸ 몰로키아, 시금치, 당근, 양념을 한데 넣고 조물조물 무친다.

9kcal
염분 0.9g

오크라 스프

주재료 오크라 2개, 대파 10cm, 치킨 스톡 약간, 소금과 후추 약간

Tip
신선한 오크라는
털이 많고 부드러워요.

❶ 오크라는 살짝 데쳐 작게 잘라 그릇에 담는다

❷ 냄비에 물 두 컵을 넣고 끓이다가 치킨 스톡을 넣어 맛을 낸다.

❸ 어슷어슷 얇게 썬 파를 넣고 살짝 더 끓인다.

❹ 소금과 후추로 간을 맞춘 다음 그릇에 붓는다.

타니타 식당 통신

양념을 넣을 때는 설탕→소금→식초→간장→된장 순으로 넣어야 간이 제대로 배어듭니다. 소금 분자
는 설탕 분자보다 작아서 재료에 빨리 스며들기 때문에 소금을 먼저 넣으면 설탕이 잘 스며들지 못하
고, 신맛은 휘발되는 성격이 있어 식초를 미리 넣어두면 신맛이 날아가 버리기 때문입니다. 그리고 음
식의 풍미를 위해 간장과 된장은 마지막에 넣는 것이 좋습니다.

뇌가 즐거워하는

유자향 솔솔
닭고기 구이 정식

숙주와 오이 참깨 무침
32kcal

은행과 죽순 조림
108kcal

꽁치 완자탕
74kcal

520kcal
염분 3.5g

유자향 솔솔 닭고기 구이
146kcal

몸이 기다랗고 주둥이가 뾰족한 꽁치는 고등어와
함께 대표적인 등푸른생선이에요. 꽁치는 단백질과 지방 함유량이 높고 심장
을 건강하게 하는 오메가3, 두뇌에 좋은 DHA가 풍부하게 들어 있습니다. 또
강력한 항산화 물질인 코엔자임Q10을 많이 함유하고 있어 노화를 예방하기
도 합니다. 시력 회복에 좋은 비타민A는 소고기보다 열여섯 배나 많습니다.
꽁치는 칼슘의 흡수를 돕는 비타민D가 성인의 하루치 권장량보다 세 배나 많
이 들어 있습니다. 또 칼슘, 인, 니아신 등 각종 영양소가 풍부합니
다. 내장에는 칼슘이 많고요. 그래서 오래전부터 "꽁치가 많이
나면 신경통이 들어간다"는 말이 있습니다.
꽁치는 쌀쌀해지는 10월과 11월이 제철입니다. 계절별로 지방 함량이 달라
여름에는 10퍼센트 전후였던 것이 가을에는 20퍼센트까지 올라갑니다. 그러
다 겨울이 되면 5퍼센트로 떨어집니다. 꽁치는 긴 것보다 짧고 통통한 것이
맛이 좋습니다.
오늘은 꽁치로 완자탕을 끓여 볼 거예요. 비린
내가 나면 어떡하냐고요? 걱정 마세요. 생강이
비린내를 꽉 잡아줄 거예요.

유자향 술술 닭고기 구이

주재료 닭다리살 100g 2덩어리, 술 1작은술, 깻잎 2장, 무 2cm, 유자(껍질) 약간,
소금 약간, 방울토마토 4개
양념 간장 2작은술, 맛술 1/2큰술

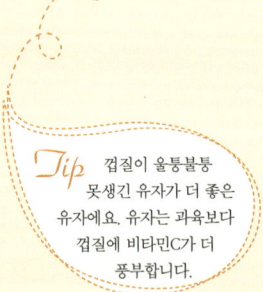

Tip 껍질이 울퉁불퉁
못생긴 유자가 더 좋은
유자에요. 유자는 과육보다
껍질에 비타민C가 더
풍부합니다.

❶ 닭다리살에 술을 뿌려둔다.
❷ 깻잎은 채 썰고, 무는 얇게 부채꼴 모양으로 잘라 소금을 뿌려 조물조물해둔다.
❸ 유자 껍질은 채 썰어 무와 함께 무쳐둔다.
❹ 예열한 오븐에 종이 호일을 깔고 닭다리살을 10분 정도 굽는다.
❺ 냄비에 양념을 넣고 조린 다음 닭다리살에 발라 5분 정도 더 굽는다.
❻ 접시에 닭다리살을 담고 깻잎으로 장식한 다음, 유자로 무친 무와 방울토마토를 곁들인다.

108kcal
염분 0.8g

은행과 죽순 조림

주재료 삶은 은행 15알, 삶은 죽순 150g, 당근 6cm, 그린 빈 1개, 다시마 육수 100cc,
아게다시 두부(또는 튀긴 두부) 1/8팩
양념 소금 1작은술, 간장 1/2큰술, 술 1작은술

❶ 죽순과 당근은 엄지손톱 크기로 썬다.
❷ 아게다시 두부(아게다시 두부를 직접 만드는 방법은 71쪽 참조)는 한입 크기로 잘라
끓는 물에 살짝 데쳐둔다.
❸ 그린 빈은 길이 2센티미터 정도로 잘라 끓는 물에 데친다.
❹ 냄비에 다시마 육수와 양념, 당근, 죽순을 넣고 강불과 중불의 중간쯤에서
5분 정도 끓인다.
❺ 야채가 부드럽게 익으면 아게다시 두부, 은행, 그린 빈을 넣고 조린다.

Tip 은행은 기관지를 튼튼하게
하고 기침을 억제하지만, 독성이 강해서
날로 먹으면 안 됩니다. 익혀 먹더라도
어른은 하루에 10알, 어린이는
2~3알 이내로 먹는 게 좋아요.

숙주와 오이 참깨 무침

주재료 숙주 1/3봉지, 오이 1/2개, 어묵 1/2개
양념 참깨 1작은술, 설탕 1/2작은술, 간장 2/3작은술

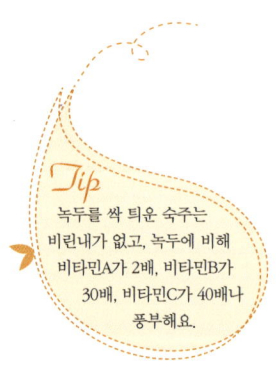

Tip
녹두를 싹 틔운 숙주는
비린내가 없고, 녹두에 비해
비타민A가 2배, 비타민B가
30배, 비타민C가 40배나
풍부해요.

❶ 숙주는 끓는 물에 넣었다가 바로 건져내 아삭아삭하게 데친다.

❷ 오이는 얇게 채 썬다.

❸ 어묵은 끓는 물에 살짝 데쳐 기름기를 제거한 다음 얇게 어슷어슷 썬다.

❹ 숙주, 오이, 어묵에 참깨, 설탕, 간장을 넣고 무친다.

꽁치 완자탕

74kcal
염분 0.9g

주재료 꽁치(통조림) 80g, 무 2cm, 대파 5cm,
다시마 육수 300cc, 간장 1/3작은술, 소금 약간

완자 양념 대파(다진 것) 5cm, 갈은 생강 1/2작은술,
달걀 1큰술, 밀가루 2작은술, 술 1/2작은술, 미소 된장 약간

Tip 꽁치, 고등어와 같은 등푸른생선을 요리할 때 무를 넣으면 무의 유황화합물이 비린내를 없애주고 소화가 잘 되도록 도와줘요.

❶ 무는 얇은 직사각형 모양으로 자르고 대파는 작게 송송 썬다.
❷ 꽁치는 체에 밭쳐 끓는 물에 한 번 데친다.
❸ 데친 꽁치는 숟가락으로 으깬 다음, 완자 양념을 넣고 잘 섞어 완자를 만든다.
❹ 냄비에 다시마 육수와 무를 넣고 끓인 다음 완자를 숟가락으로 조금씩 떠넣는다.
❺ 완자가 떠오르면 간장과 소금으로 간을 맞추고 대파를 넣고 끓인다.

타니타 식당통신

참치, 꽁치, 옥수수, 콩, 죽순, 복숭아 등의 통조림 제품은 반조리가 되어 있어 요리 시간을 단축시킬 수 있습니다. 통조림 제품을 이용할 땐 몇 가지 주의 사항을 지켜야 합니다. 통조림은 캔 자체를 직접 가열하지 말고, 먹고 남은 내용물은 유리나 플라스틱 용기에 담아 보관해야 합니다. 통조림 캔을 직접 가열하면 용기에서 발암 물질인 비스페놀A가 나올 수 있고, 과일 통조림처럼 주석으로 도금된 캔은 산소와 접촉하면 부식되기 때문입니다.

Day.24

몸이 따뜻해지는
닭가슴살 데리야키 정식

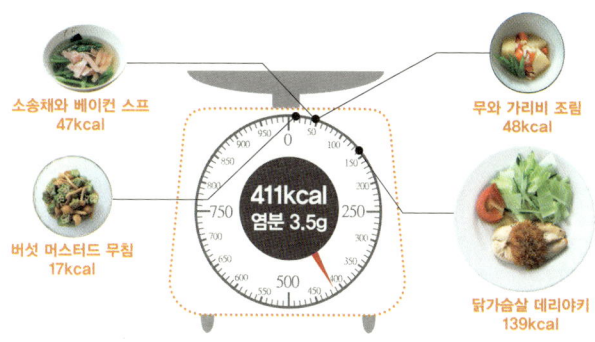

소송채와 베이컨 스프
47kcal

무와 가리비 조림
48kcal

버섯 머스터드 무침
17kcal

411kcal
염분 3.5g

닭가슴살 데리야키
139kcal

저는 알싸한 생강 절임을 아주 좋아합니다. 기름진 음식을 먹거나 생선회를 먹고 나서 생강 절임을 한쪽 먹으면 입안이 개운해지기 때문이죠. 생강의 맵고 알싸한 성분인 진저롤은 콜레라나 장티푸스균 같은 세균의 살균 작용을 도와줍니다. 생강이 감기에 효과적인 이유도 이런 살균작용 때문입니다.

체온이 1도씨 떨어지면 면역력도 30퍼센트 떨어진다는 이야기 들어보셨나요? 대표적인 발열 식품인 생강은 혈액 순환을 좋게 하며 몸을 따뜻하게 해 면역력 유지에 도움을 줍니다. 또 위를 따뜻하게 해 구토 증세를 가라앉히기 때문에, 차멀미로 속이 울렁거릴 때는 생강을 한쪽 입에 물고 있으면 금방 효과를 본다고 합니다.

생강은 탄수화물 분해 효소인 디아스타아제와 단백질 분해 효소가 들어 있어 좋은 소화제이기도 합니다.
'피타고라스의 정리'를 발견한 수학자이자 식물학자이기도 했던 피타고라스는 제자들에게 생강을 훌륭한 소화제라고 가르쳤다고 합니다. 양념에 머물기에는 아까운 식품입니다.

139kcal
염분 1.0g

닭가슴살 데리야키*

주재료 닭가슴살 4덩어리, 양상추 1장,
　　　　　오이 1/3개, 토마토 1/4개

밑간 양념 통후추 약간, 간장 1/3작은술

소스 갈은 양파 1/4개, 갈은 생강 1/2작은술,
　　　　술 1/2큰술, 간장 1/2큰술, 설탕 1/2작은술,
　　　　맛술 1작은술, 통후추 약간

> *Tip* 생강 80그램을 굵게 채 썬 다음
> 소독한 유리병에 넣고 청주 700밀리리터를
> 부어 냉장고에서 일주일 간 숙성하면
> '비린내 킬러' 생강술을 만들 수 있어요.
> 생강술을 만들어두면 요리할 때마다
> 생강을 찾느라 냉장고 구석구석을
> 뒤질 필요가 없습니다.

❶ 닭가슴살은 힘줄을 제거하고 통후추와 간장으로 밑간을 해둔다.

❷ 양상추는 손으로 대강 찢고, 오이는 채 썰고, 토마토는 반달 모양으로 자른다.

❸ 예열한 오븐에 종이 호일을 깔고 닭가슴살을 10~15분 정도 굽는다.

❹ 냄비에 소스 재료를 넣고 조린다.

❺ 접시에 닭가슴살을 얹고 소스를 뿌린 다음 양상추와 오이, 토마토를 곁들인다.

＊ 데리야키는 간장을 베이스로 한 단맛이 나는 양념을 고기에 발라 구운 일본 요리입니다.

무와 가리비 조림

주재료 무 5cm, 당근 2cm, 꼬투리 완두 6개, 가리비 25g, 다시마 육수 30cc
조림 양념 맛술 1작은술, 간장 1/2큰술, 설탕 1/2작은술, 술 1작은술

Tip 가리비 데친 물을 육수로 사용하면 염분도 줄이고, 야채에 가리비 맛이 배어 더욱 맛있어집니다.

❶ 무는 두툼하게 부채꼴 모양으로 잘라 끓는 물에 데친다.

❷ 청경채도 길이 3센티미터로 썰어 끓는 물에 살짝 데친다.

❸ 가리비는 끓는 물에 살짝 데친다.

❹ 냄비에 다시마 육수와 가리비 데친 물을 넣고 끓이다가 무와 당근을 넣는다.

❺ 국물이 끓기 시작하면 조림 양념을 넣는다.

❻ 무와 당근에 양념이 배일 때까지 중불에서 10분 정도 조린 다음, 불을 끄고 가리비를 잘게 잘라 섞는다.

❼ 무, 당근, 가리비를 그릇에 담은 다음 꼬투리 완두를 장식해 마무리한다.

버섯 머스터드 무침

주재료 맛버섯 1 팩, 오크라 4개
양념 홀그레인 머스터드 1작은술, 간장 1작은술, 식초 1/2작은술

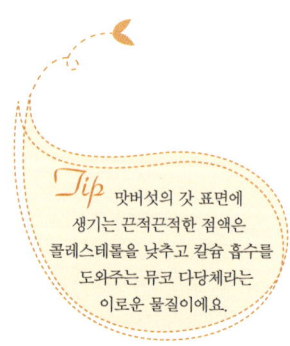

Tip 맛버섯의 갓 표면에
생기는 끈적끈적한 점액은
콜레스테롤을 낮추고 칼슘 흡수를
도와주는 뮤코 다당체라는
이로운 물질이에요

❶ 맛버섯은 끓는 물에 살짝 데친다.
❷ 오크라도 끓는 물에 살짝 데친 다음 작게 자른다.
❸ 데친 맛버섯과 오크라에 양념을 넣고 매콤새콤하게 무친다.

소송채와 베이컨 스프

주재료 소송채(또는 청경채) 1/8단, 베이컨 1장, 치킨 스톡 약간,
　　　　소금과 후추 약간, 참기름 1/4작은술

❶ 소송채는 길이 3센티미터 정도로 잘라서 끓는 물에 살짝 데친 다음, 물기를 빼서 그릇에
담아둔다.

❷ 베이컨은 폭 1센티미터 정도가 되도록 자른다.

❸ 냄비에 물 두 컵을 넣고 끓이다가 베이컨을 넣고 국물이 끓어오르면 치킨 스톡과 소금,
후추로 간을 맞춘다.

❹ 불을 끄고 참기름을 넣은 다음 그릇에 붓는다.

 타니타 식당 통신

생강은 노폐물을 배출시키고 몸을 따뜻하게 만들어 생리통 완화에도 효과적이에요. 생리통을 완화시켜
주는 생강차를 한번 만들어볼까요.
1. 물 1리터에 당귀 20그램과 마른 생강 30그램을 넣고 센 불에서 팔팔 끓이다가 끓어오르면 약한 불로
줄여 15분 정도 더 끓입니다.
2. 건더기는 건져내고 마실 때는 꿀을 약간 넣어 먹습니다.

몸을 정화시키는 디톡스 밥상

두부 스테이크 정식

돼지고기와 버섯 스프
16kcal

어묵과 우엉 볶음
65kcal

475kcal
염분 3.5g

새콤달콤 무 무침
26kcal

두부 스테이크
208kcal

　　　　　　다이어트에서 가장 큰 난관은 배고픔을 참는 것입
니다. 기필코 살을 빼겠다는 굳은 결심도 뱃가죽까지 진동시키는 꼬르륵 소
리에 번번이 무너지고 맙니다. 공복과의 사투에서 우리를 구해줄 식품이 배
불리 먹어도 살찌지 않는 곤약입니다. 실제로 중국에서는 황제의 비만 치료
에 곤약이 사용되었다고 합니다.

곤약은 토란과에 속하는 구약나물의 땅속줄기에 들어 있는 글루코만난을 주
원료로 합니다. 글루코만난 4퍼센트에 물 96퍼센트를 더하면 묵처럼 말랑말
랑하면서 쫄깃한 곤약이 탄생합니다. 곤약은 장에서 물을 만나 60배까지 팽
창하고 위장에 체류하는 시간이 길어 포만감을 줍니다. 또 장을 통과하면
서 장 구석구석의 노폐물과 숙변, 유해균을 몸 밖으로 배출시킵
니다. 곤약을 일컬어 '뱃속의 돌멩이를 걷어내는 식품'이라고 한
이유가 이 때문입니다.

곤약은 당뇨병에도 효과가 있습니다. 음식이 위와 장을 통과하는 속도가 느
려지면 소화기관이 영양소를 흡수하는 시간도 길어져, 혈당이 서서히 상승하
기 때문이지요.

곤약 자체는 아무런 맛이 없지만 함께 조리하는 음식
의 맛과 향을 리트머스 시험지처럼 흡수합니다. 요리사
의 솜씨에 따라 맛이 좌우된다는 이야기지요.

208kcal
염분 1.4g

두부 스테이크

주재료 단단한 두부 1모, 말린 표고버섯 3장, 팽이버섯 1/2팩, 양파 1/4개, 가지 1개,
완두콩 적당량, 기름 약간

소스 양념 생강(다진 것) 1/2작은술, 마늘(다진 것) 약간, 두반장 약간, 기름 1/2작은술,
치킨 스톡 약간, 굴소스 1/2큰술, 미소 된장 1작은술, 녹말물 적당량

❶ 두부는 물기를 제거한 다음 큼직하게 잘라 앞뒤로 전분을 묻힌다.

❷ 프라이팬에 기름을 두르고 두부가 노르스름한 색이 나올 때까지 굽는다.

❸ 구운 두부는 키친타월에 올려 기름을 뺀다.

❹ 표고버섯은 찬물에 30분 정도 불린 다음 얇게 자르고, 팽이버섯은 절반 길이로 자른다.
양파는 얇게 썰고, 가지는 대강 자른다.

❺ 냄비를 중불에서 가열하다 기름을 두르고 생강과 마늘을 넣고 볶아 향이 감돌게 한다.

❻ 두반장과 야채를 넣고 볶다가 야채가 익으면 치킨 스톡과 물 2/3컵, 굴소스, 완두콩을 넣고
조린다.

❼ 미소 된장으로 간을 맞추고 녹말물을 넣어 걸쭉하게 만든다.

❽ 두부를 접시에 담고 그 위에 소스를 올린다.

새콤달콤 무 무침

주재료 배 1/6개, 무 3cm, 당근 2cm, 소금 약간
양념 설탕 1작은술, 식초 1작은술

Tip 배 대신 단감을
이용해도 좋아요.

❶ 배는 껍질을 벗기고 얇게 채 썬다.
❷ 무와 당근도 채 썰어 소금을 뿌려 잠시 그대로 둔다.
❸ 무와 당근이 숨이 죽어 부드러워지면 물기를 짠다.
❹ 배, 무, 당근에 설탕과 식초를 넣고 조물조물 무친다.

65kcal
염분 0.9g

어묵과 우엉 볶음

주재료 어묵 1개, 당근 2cm, 우엉 1/3개, 곤약 1/4모, 양상추 1장, 다시마 육수 60cc
양념 설탕 1작은술, 간장 1/2큰술, 참기름 1/2작은술

Tip 곤약은 수분 함유량이
96퍼센트로 대단히 높기 때문에
냉동 보관해서는 절대
안 되요.

❶ 어묵은 작게 썰고 당근은 얇게 직사각형 모양으로 자른다.

❷ 우엉은 채 썬 다음 물에 씻어 떫은맛을 제거한다.

❸ 곤약은 얇게 직사각형 모양으로 잘라 끓는 물에 살짝 데친다.

❹ 냄비를 강한 불로 가열한 뒤 참기름을 두르고 어묵, 우엉, 곤약, 당근을 볶는다.

❺ 전체적으로 재료가 익으면 다시마 육수와 양념을 넣고 중불에서 조린다.

❻ 그릇에 양상추를 올리고 그 위에 어묵과 우엉 볶음을 담는다.

돼지고기와 버섯 스프

주재료 돼지고기 뒷다리살(채 썬 것) 10g, 대파 5cm, 맛버섯 1/2팩,
갈은 생강 1/2작은술, 치킨 스톡 약간, 소금과 후추 약간

1 돼지고기는 얇고 길쭉하게 썰고 파는 작게 송송 썬다.

2 냄비에 물 두 컵과 치킨 스톡을 넣고 끓이다가 돼지고기, 파, 맛버섯을 넣는다.

3 돼지고기가 익으면 소금과 후추, 갈은 생강으로 맛을 낸다.

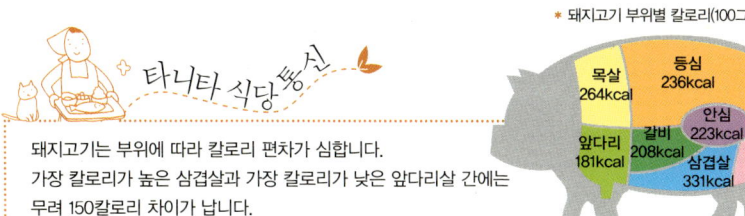

타니타 식당통신

* 돼지고기 부위별 칼로리(100그램 기준)

목살 264kcal
등심 236kcal
안심 223kcal
뒷다리 236kcal
앞다리 181kcal
갈비 208kcal
삼겹살 331kcal

돼지고기는 부위에 따라 칼로리 편차가 심합니다.
가장 칼로리가 높은 삼겹살과 가장 칼로리가 낮은 앞다리살 간에는
무려 150칼로리 차이가 납니다.

피를 맑게 해주는

두부 버거 정식

초간단 샐러드
38kcal

어묵과 우엉 조림
49kcal

460kcal
염분 2.8g

중국식 미역국
16kcal

두부 버거
197kcal

　　　　최근에는 채식주의자들이 늘어나면서 두부의 인기
도 날로 오르고 있습니다. 육류를 먹지 않는 채식주의자들에게 두부는 훌륭
한 단백질 공급원이죠.「뉴욕타임스」는 두부를 가리켜 '살찌지 않는 치즈'라
고 표현하기도 했습니다.

콩의 영양 성분을 그대로 머금고 있는 두부는 소화흡수율이 콩보다 훨씬 높
습니다. 또 100그램 당 열량이 79칼로리(연두부는 41칼로리, 순두부는 47칼로리)
에 불과해 다이어트 식품으로도 안성맞춤입니다. 두부에 많은 리놀산은
콜레스테롤을 낮추기 때문에 동맥경화 예방에 효과적입니다. 또
칼슘이 풍부해서 뼈가 약한 어린이나 노인, 임산부에게도 더할
나위 없이 좋은 식품입니다.

콩에 풍부한 사포닌은 많이 섭취하면 몸속에 있는 요오드를 배출시켜 영양
불균형을 초래할 수도 있습니다. 그래서 두부는 요오드가 풍부한 미역 같은
해조류와 함께 먹으면 좋지요. 반면 두부와 시금치의 궁합은 별로입니다. 시
금치에 많이 들어 있는 초산이 두부 속에 있는 칼
슘과 만나면 초산칼슘이 생성됩니다. 초산칼슘은
시금치에 들어 있는 철분과 두부에 들어 있는 단백질
의 흡수를 방해합니다.

두부 버거

주재료　갈은 닭고기 100g, 두부 2/3모, 톳 4g, 달걀 1/5개, 쪽파 2뿌리,
　　　　　대파(하얀 부분) 3cm, 간장 1/2작은술, 밀가루 1작은술
소스　설탕 1/2큰술, 맛술 1작은술, 간장 1작은술, 생강즙 1/2작은술

Tip
두부에 물기가 남아 있으면 버거가 질척해질 수 있어요. 물기를 짠 두부를 전자레인지에 30초~1분 정도 돌리면 물기가 없어져 더 맛있는 두부 버거를 만들 수 있어요.

❶ 두부는 면 보자기로 싸서 물기를 꼭 짠다.

❷ 쪽파는 잘게 썰고, 대파는 3센티미터 길이로 얇게 채 썰어둔다.

❸ 톳은 물에 헹군 다음 잘게 다진다.

❹ 볼에 갈은 닭고기, 두부, 톳, 잘 풀어둔 달걀, 쪽파, 간장, 밀가루를 한데 넣고 반죽하여 둥글게 빚는다.

❺ 따뜻하게 예열한 오븐에 종이 호일을 깔고 10~15분 동안 굽는다.

❻ 냄비에 소스 재료를 넣고 중불로 살짝 졸인다.

❼ 구운 두부 버거를 그릇에 담고 채 썰어둔 대파의 흰 부분을 얹은 다음 소스를 끼얹는다.

38kcal
염분 0g

초간단 샐러드

주재료 양상추 1장, 당근 2cm, 오이 1/2개, 브로콜리 1/5개, 드레싱 적당량

❶ 양상추는 큼직하게 찢어둔다.
❷ 당근은 채 썰고, 오이는 둥글게 썰어둔다.
❸ 브로콜리는 한입 크기로 잘라서 끓는 물에 데친다.
❹ 그릇에 양상추, 당근, 오이, 브로콜리를 담고 좋아하는 드레싱을 뿌려 먹는다.

Tip 두부 버거를 만들고 남은 두부로
두부 흑임자 드레싱을 만들어 먹어도
좋아요. 두부 1/3모, 볶은 흑임자 1큰술,
우유 3큰술, 매실 효소 1.5큰술, 소금 약간을
믹서로 갈면 마요네즈보다 훨씬
고소한 드레싱이 완성됩니다.

어묵과 우엉 조림

주재료 어묵 10g, 말린 표고버섯 1/2장, 우엉 1/2개, 가쓰오부시 육수 80cc,
설탕 1작은술, 술 1/2큰술, 간장 2/3작은술

Tip 말린 표고버섯
우린 물은 버리지 말고
육수로 사용해도
좋아요.

❶ 어묵은 끓는 물에 데쳐 기름기를 뺀다.

❷ 말린 표고버섯은 물에 30분 정도 담가둔다.

❸ 어묵과 표고버섯은 얇게 썬다.

❹ 우엉은 채 썬 다음 물에 담가 쓴맛을 우려낸다.

❺ 냄비에 가쓰오부시 육수, 어묵, 우엉, 표고버섯을 넣고 강한 불에서 조린다.

❻ 끓기 시작하면 설탕, 술, 간장을 넣고 우엉이 부드러워질 때까지 10분 정도 약한 불로
졸인다.

16kcal
염분 1.2g

중국식 미역국

주재료 말린 미역 2g, 볶은 참깨 1작은술, 대파 10cm, 갈은 생강 1/2작은술,
닭고기 육수 300cc, 술 1작은술, 간장 1/6작은술, 소금 약간

❶ 미역은 물에 불린 다음 한입 크기로 잘라 참깨와 함께 그릇에 담는다.
❷ 파는 어슷하게 썰어둔다.
❸ 닭고기 육수를 끓이다가 술, 간장, 소금, 대파, 갈은 생강을 넣고 한소끔 더 끓여 그릇에 붓는다.

타니타 식당통신

구수한 국물 맛을 내고 싶을 때 닭고기 육수를 사용하면 좋아요. 닭고기 육수는 만드는 방법과 재료 모
두 간단하니 한꺼번에 만들어 두었다가 냉동실에 얼려두고 사용하면 편리해요. 먼저 껍질과 살을 잘 발
라낸 닭다리 뼈를 1~2시간 정도 찬물에 담가 핏물을 빼냅니다. 냄비에 닭다리 뼈(4개), 양파(1/2개), 통
후추(15알), 월계수 잎(2장), 물 1리터를 넣고 중불에서 30분간 끓입니다. 국물이 끓어오를 때 올라오는
거품을 수시로 걷어내면 깔끔한 육수를 만들 수 있습니다.

집나간 기억력을 찾아주는

칼칼한 꽁치 조림 정식

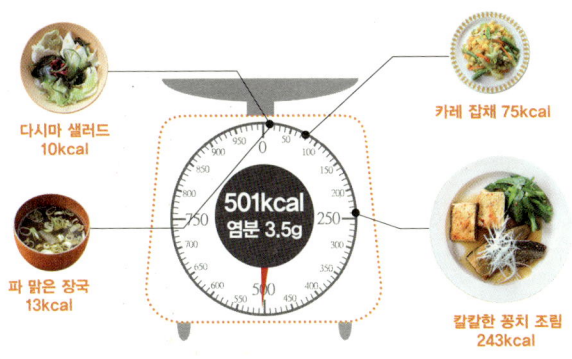

다시마 샐러드 10kcal

카레 잡채 75kcal

501kcal 염분 3.5g

파 맑은 장국 13kcal

칼칼한 꽁치 조림 243kcal

　　　　일본에서는 요리를 못하는 사람에게 "카레는 만들 줄 아니?"라고 묻습니다. 그만큼 카레는 일본인에게 가장 기초적인 요리인 셈입니다. 일본인이라면 누구나 일주일에 한 번 이상은 카레를 먹을 정도로 즐기며, 카레 우동, 카레 빵 등 다양한 카레 관련 음식도 발달해 있습니다.

카레 특유의 노란색은 강황(울금)이라는 생강과 식물에서 나옵니다. 인도가 원산지인 강황에는 커큐민이라는 물질이 들어 있습니다. 커큐민은 생강의 진저롤(매운맛 성분), 고추의 캡사이신(매운맛 성분), 마늘의 알리신(냄새 성분)과 함께 유해산소를 없애고 암세포의 생성을 막는 항산화 성분입니다. 또 커큐민은 기억력을 높여 알츠하이머를 예방합니다. 실제로 거의 모든 요리에 강황을 사용하는 인도는 미국에 비해 알츠하이머병 환자가 4분의 1 수준에 불과하다고 합니다.

우리가 먹는 카레에는 강황을 포함해 10여 가지 향신료(카레분)가 들어 있습니다. 보통 카레는 밀가루에 기름을 넣고 볶은 다음 카레분을 섞어 만드는데, 이걸 커리 루라고 합니다. 한국에서 시판되는 대부분의 카레는 커리 루에 해당합니다. 커리 루에는 트렌스지방이 포함되어 있을 수도 있으니 구입할 때 꼭 확인해야합니다. 오늘은 카레향이 솔솔 풍기는 색다른 잡채를 만들어 보겠습니다.

243kcal
염분 1.1g

칼칼한 꽁치 조림

주재료 꽁치 1마리, 단단한 두부 1/2모, 대파 5cm, 부추 1/2단, 마늘 약간, 생강 약간
조림 양념 다시마 육수 100cc, 간장 1/2큰술, 설탕 1/2작은술, 맛술 1작은술,
고추장 2/3작은술, 술 1작은술

❶ 뜨겁게 달군 프라이팬에 두부를 올려 앞뒤로 구운 다음 한입 크기로 자른다.

❷ 대파는 하얀 부분만 채 썰어두고, 부추는 길이 3센티미터로 잘라서 끓는 물에 살짝 데친다.

❸ 마늘은 다지고 생강은 채 썬다.

❹ 꽁치는 머리를 떼어내고 등뼈를 따라 칼집을 넣어 뼈와 살을 발라낸다.

❺ 꽁치를 반으로 잘라서 예열한 오븐에 종이 호일을 깔고 10~15분 정도 굽는다.

❻ 냄비에 조림 양념과 마늘, 생강을 넣고 강한 불에서 끓인다.

❼ 조림 양념에 구운 두부를 넣고 10분 정도 더 끓여서, 두부에 간이 배게 한다.

❽ 그릇에 꽁치, 구운 두부, 부추를 담고 채 썬 파를 곁들인 뒤 조림 양념을 끼얹어 마무리한다.

카레 잡채

주재료 당면 10g, 양배추 2장, 당근 2cm, 그린 빈 4개,
　　　　옥수수(캔) 1/3컵, 기름 1/2작은술
양념 카레 가루 1/2작은술, 쓰유*(3배 농축) 1큰술

Tip 카레는 치아를 금세
노랗게 물들이기 때문에 카레가
들어 있는 음식을 먹은 다음에는
바로 양치질을 해야 해요.

❶ 당면은 끓는 물에 1분 정도 데친 다음 물기를 빼고 적당한 길이로 자른다.

❷ 양배추도 적당한 크기로 썰고, 당근은 채 썬다.

❸ 그린 빈은 길이 3센티미터로 자른다.

❹ 카레 가루와 쓰유를 섞는다.

❺ 프라이팬에 기름을 두르고 양배추와 당근을 강한 불에서 볶는다.

❻ 그린 빈과 옥수수를 넣은 다음, 카레 가루와 쓰유를 섞은 양념과 당면을 함께 넣고 볶는다.

---

* 육수가 들어간 간장을 쓰유라고 합니다. 냉모밀 면을 찍어먹는 간장을 떠올리면 됩니다. 쓰유는 농축된
　정도에 따라 2배, 3배 등으로 구분해 표시하며, 물에 희석해서 씁니다.

10kcal
염분 0.6g

다시마 샐러드

주재료 말린 쌈다시마 1g, 양상추 3장
드레싱 레몬즙 1큰술, 간장 1작은술, 식초 1/2작은술, 다진 양파 1작은술, 설탕 약간,
　　　　참기름 1방울, 물 약간

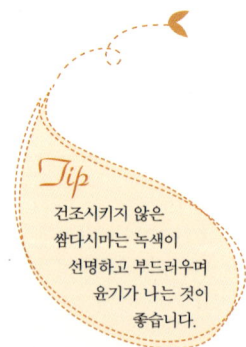

Tip
건조시키지 않은
쌈다시마는 녹색이
선명하고 부드러우며
윤기가 나는 것이
좋습니다.

① 말린 쌈다시마는 찬물에 10분 정도 담가 불린다.
② 쌈다시마는 물기를 뺀 다음 가늘게 채 썬다.
③ 양상추는 한입 크기로 찢어 얼음물에 넣어 놓는다.
④ 드레싱 재료를 잘 섞어 채 썬 다시마와 양상추에 끼얹는다.

파 맑은 장국

주재료 대파 1/2뿌리, 곤약 1/10모, 가쓰오부시 육수 300cc,
소금 2/3작은술, 간장 약간

❶ 대파는 송송 썬다.
❷ 곤약은 얇게 직사각형 모양으로 자른 다음
끓는 물에 살짝 데쳐 떫은맛을 제거한다.
❸ 냄비에 가쓰오부시 육수를 끓이다가 대파, 곤약을 넣고
가열한 다음 소금과 간장으로 간을 맞춘다.

Tip 흰 줄기가 굵고
단단하며, 흰색과 초록색의
경계가 분명한 것이 신선한
대파입니다.

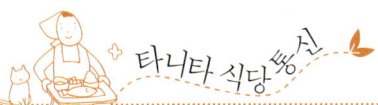 타니타 식당통신

타니타 식당 레시피를 따라하고 남은 재료로 쯔유를 직접 만들 수 있습니다. 간장 3컵, 다시마 2장(손
바닥만 한 것), 가쓰오부시 한 줌, 마른 표고버섯 3개, 마늘 3쪽(편으로 썬 것), 사과 1/8쪽, 청주 1/2컵,
설탕 1큰술을 한데 넣습니다. 이 상태로 12시간이 지나면 재료를 모두 냄비에 넣고 끓인 다음 건더기는
건져내고, 잘 식혀 냉장고에 보관하고 먹으면 됩니다. 쯔유는 국물, 조림, 볶음 등의 요리에 다양하게
활용할 수 있습니다.

'머릿속 딱따구리' 편두통을 내쫓는
고등어 된장 조림 정식

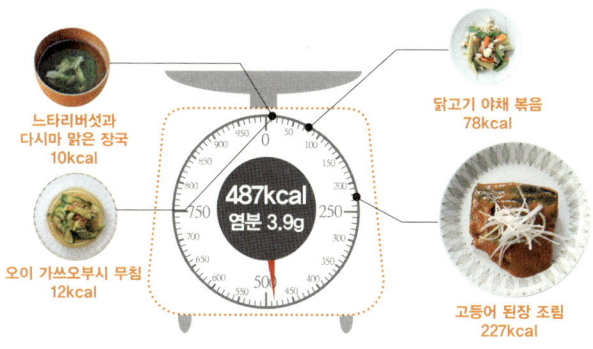

느타리버섯과
다시마 맑은 장국
10kcal

닭고기 야채 볶음
78kcal

487kcal
염분 3.9g

오이 가쓰오부시 무침
12kcal

고등어 된장 조림
227kcal

　　　　　"가을 고등어는 며느리에게 주지 않는다"는 속담이
있을 만큼, 고등어는 초가을부터 늦가을까지가 가장 맛이 좋습니다. 푸른빛
이 도는 등보다는 은백색의 배가 지방이 많아 더 고소합니다. 고등어 역시 삼
치나 꽁치 같은 등푸른생선처럼 DHA, EPA가 풍부합니다. DHA는 기억력과
학습 능력을 향상시키고, EPA는 노화 방지와 동맥경화, 뇌졸중 예방에 뛰어난
효과가 있습니다. 또 핵산, 비타민, 미네랄, 아미노산이 들어 있어 피부를 매
끄럽고 윤기 나게 합니다.

흔히 고등어를 '바다의 보리'라고 부릅니다. 보리처럼 영양가가
높고, 값이 싸서 누구나 부담 없이 즐길 수 있기 때문이지요. 특히
껍질에는 비타민B2가 많아서 피곤하면 입이 헐거나 혓바늘이 돋는 사람들에
게 좋습니다. 또 불소를 많이 함유하고 있어 치아 건강에 좋은 생선입니다.

"고등어는 살아 있으면서도 썩는다"는 말이 있듯이, 지
방이 많고 내장에 들어 있는 소화 효소의 힘이 강력
해서 쉽게 부패합니다. 고등어가 부패하면 히스타민
이라는 독성물질이 생성되는데, 이 물질은 두드러기나
복통을 일으킵니다. 눌러봤을 때 단단한 탄력이 있는
것이 신선한 고등어입니다.

고등어 된장 조림

주재료 고등어 90g 2덩어리, 생강 약간, 대파 10cm, 물 적당량, 미소 된장 1큰술
양념 술 1/2큰술, 설탕 2작은술, 맛술 1/3작은술

❶ 생강은 얇게 편으로 썬다.
❷ 대파는 흰 부분만 얇게 채 썬다.
❸ 냄비에 양념과 생강을 넣고 강한 불에 올려 끓인다.
❹ 냄비에 고등어를 넣고 고등어가 잠길 정도로 물을 부은 다음,
   뚜껑을 덮고 10~15분 정도 끓인다.
❺ 고등어가 익으면 미소 된장을 넣고 조린다.
❻ 그릇에 고등어를 옮겨 담고 국물을 끼얹은 다음 대파를 올려 마무리한다.

Tip
고등어는 쌀뜨물에
담가두면 비린 맛이 줄어듭니다.
지반 고등어일 경우에는
짠맛이 중화되는 효과까지
볼 수 있습니다.

닭고기 야채 볶음

주재료 갈은 닭고기 40g, 당근 4cm, 피망 1개, 영 콘(캔) 6개,
콜리플라워 1/6개, 술 1작은술, 소금과 후추 약간, 간장 1/2큰술

Tip 닭고기는 냉장 보관한 뒤
되도록 빨리 섭취하는 게 좋아요.
닭고기의 지방은 쇠고기나
돼지고기의 지방보다 빨리
부패하기 때문입니다.

❶ 당근과 피망은 얇게 직사각형 모양으로 자르고, 영 콘은 어슷하게 절반 길이로 자른다.
❷ 콜리플라워는 작은 송이들을 떼어내 둔다.
❸ 강한 불 위에 올린 프라이팬에 기름을 두르고 가열한 다음, 갈은 닭고기가 고슬고슬
흩어질 때까지 볶는다.
❹ 고기가 익었으면, 당근, 피망, 콜리플라워, 영 콘을 함께 넣고 강한 불에서 볶는다.
❺ 소금과 후추로 간을 맞추고 간장을 뿌려 마무리한다.

오이 가쓰오부시 무침

주재료 오이 1개, 소금 약간, 쯔유 1작은술, 가쓰오부시 약간

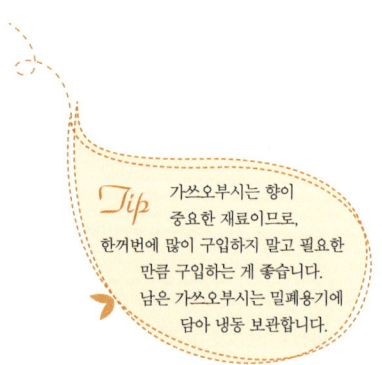

Tip 가쓰오부시는 향이 중요한 재료이므로, 한꺼번에 많이 구입하지 말고 필요한 만큼 구입하는 게 좋습니다. 남은 가쓰오부시는 밀폐용기에 담아 냉동 보관합니다.

❶ 오이는 길게 절반으로 가른 다음 어슷어슷 얇게 썬다.
❷ 오이를 소금으로 조물조물 무친 다음, 숨이 죽으면 물기를 꼭 짜둔다.
❸ 물기 짠 오이에 쓰유, 가쓰오부시를 넣고 무친다.

느타리버섯과 다시마 맑은 장국

주재료 느타리버섯 1/5팩, 쌈다시마 20g, 가쓰오부시 육수 300cc,
소금 약간, 간장 1/3작은술

Tip 가쓰오부시 육수가
없을 때는 멸치 육수를
사용해도 좋아요.

❶ 느타리버섯을 잘 뜯어둔다.
❷ 쌈다시마는 찬물에 담가 소금기를 뺀 다음, 가늘게 채 썰어 그릇에 담아 둔다.
❸ 냄비에 가쓰오부시 육수를 끓이다가 느타리버섯을 넣고 더 끓인다.
❹ 국물이 끓어 오르면 소금과 간장을 넣어 간을 맞춘 다음 그릇에 붓는다.

타니타 식당 통신

오늘은 생강과 미소 된장으로 고등어 비린내를 제거했습니다. 생선 비린내는 생선 표면에 존재하는 트
릴메틸아민이라는 성분 때문에 생기는데요. 된장에 들어 있는 콩 단백질이 트릴메틸아민을 흡수해 비
린내를 잡아줍니다. 쌀뜨물과 우유에 고등어를 담가두면 비린내가 없어지는 것도 비슷한 원리입니다.

Day.29

침침한 눈을 환하게 해주는

시금치 소스를 얹은
닭가슴살 스테이크 정식

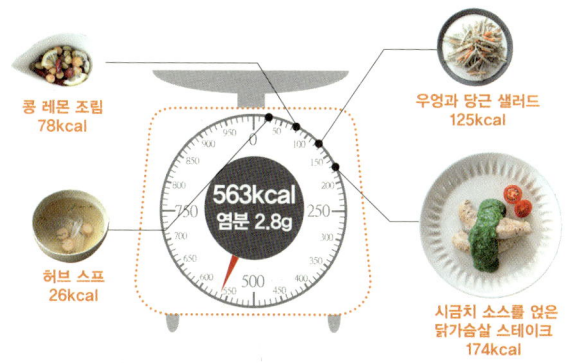

콩 레몬 조림
78kcal

우엉과 당근 샐러드
125kcal

563kcal
염분 2.8g

허브 스프
26kcal

시금치 소스를 얹은
닭가슴살 스테이크
174kcal

　　　　오늘은 초록빛이 먹음직스러운 시금치 소스로 색다른 맛에 도전해볼 거예요. 제 머릿속에는 시금치와 뽀빠이가 늘 붙어 다녀요. 어렸을 때 본 만화영화에서 뽀빠이가 악당을 물리치러 가기 전에 꼭 시금치 통조림을 한 입에 털어 넣던 장면이 생생합니다. 만화영화에서처럼 시금치는 약골을 장사로 만드는 기적의 식품은 아니지만, 몸에 좋은 성분이 옹골차게 들어 있습니다.

우리 몸은 적혈구 수가 줄어들거나 혈액 속에서 산소를 운반하는 헤모글로빈이 부족하면 빈혈이 생깁니다. 시금치에 풍부한 철분과 엽산은 적혈구와 헤모글로빈 생성을 도와 빈혈을 예방합니다. 시금치에는 루테인이라는 물질이 풍부합니다. 이 성분은 눈의 노화를 막는 성분입니다. 시금치에 풍부한 비타민A는 결막과 각막을 건강하게 만들어 눈의 피로를 해소하고 시력 감퇴를 막아줍니다. 또 전립선암을 예방해 '중년의 건강식품'으로 꼽히기 합니다.

시금치에 풍부한 카로틴은 기름과 함께 섭취하면 흡수율이 높아지므로 볶음 요리나 샐러드를 만들 때는 올리브유 드레싱을 곁들이면 좋습니다. 우연일까요? "도와줘요, 뽀빠이!"를 외치던 뽀빠이의 그녀 이름이 올리브였습니다.

174kcal
염분 1.0g

시금치 소스를 얹은 닭가슴살 스테이크

주재료 닭가슴살 4덩어리, 소금과 후추 약간, 시금치 1/3단, 양파 1/10개,
방울토마토 2개, 버터 1/2작은술, 밀가루 2작은술, 우유 1/2컵, 치킨 스톡 1/4작은술

❶ 닭가슴살은 근육을 제거한 뒤 소금과 후추로 밑간을 해둔다.

❷ 시금치는 뚜껑을 열고 끓는 물에 살짝 데친 다음, 찬물에 헹궈 물기를 짠다.

❸ 시금치와 양파는 잘게 다지고, 방울토마토는 절반으로 잘라둔다.

❹ 예열한 오븐에 종이 호일을 깔고, 닭가슴살을 10~15분 정도 굽는다.

❺ 냄비에 버터를 녹인 다음 양파를 중불에서 볶다가 밀가루를 조금씩 넣어가며
중불과 약불 사이에서 볶는다.

❻ 우유를 조금씩 넣으면서 엉겨 붙지 않도록 주의하며 젓는다.

❼ 소금과 후추, 치킨 스톡, 시금치를 넣고 조금 더 끓여 소스를 완성한다.

❽ 접시에 닭가슴살을 옮겨 담고 소스를 뿌린 다음, 방울토마토로 장식한다.

우엉과 당근 샐러드

주재료 우엉 1개, 당근 4cm, 파슬리 가루 약간, 기름 1/4작은술, 드레싱(시저드레싱) 2큰술

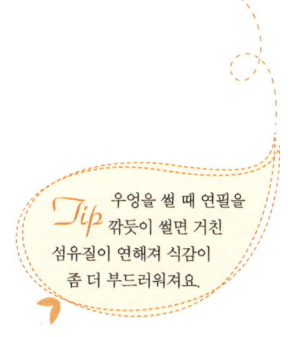

Tip 우엉을 썰 때 연필을 깎듯이 썰면 거친 섬유질이 연해져 식감이 좀 더 부드러워져요.

❶ 당근은 채썰고, 우엉은 연필을 깎듯이 칼을 세워 얇게 썬다.
❷ 강한 불 위에 올린 프라이팬에 기름을 두르고 가열한 다음 우엉과 당근을 볶는다.
❸ 볶은 우엉과 당근은 드레싱과 파슬리 가루를 넣고 버무린 다음 식힌다.

콩 레몬 조림

주재료 다양한 종류의 삶은 콩 80g, 레몬(둥글게 잘라 낸 것) 2조각, 레몬즙 1작은술, 물 적당량,
설탕 2작은술, 소금 약간

Tip 콩 레몬 조림은
조리고 난 다음 차게 식혀야
간이 깊게 배어듭니다.

❶ 레몬은 소금이나 베이킹소다로 문질러 껍질을 깨끗하게 씻는다.

❷ 레몬은 부채꼴 모양으로 얇게 자른다.

❸ 냄비에 콩이 잠길 정도로 물을 붓고 설탕, 소금, 레몬을 넣은 다음, 뚜껑을 덮고
약한 불에서 끓인다.

❹ 콩이 부드러워지면 레몬즙을 넣고 마무리한다.

26kcal
염분 1.0g

허브 스프

주재료 비엔나소시지 1개, 양파 1/6개, 치킨 스톡 300cc,
타임 가루 약간, 로즈마리 가루 약간, 소금과 후추 약간

❶ 비엔나소시지는 먹기 좋게 작은 크기로 썰고, 양파는 채 썬다.
❷ 냄비에 물 두 컵과 치킨 스톡을 넣고 끓이다가
비엔나소시지와 양파, 타임, 로즈마리를 넣는다.
❸ 재료가 익으면 소금과 후추로 간을 맞춘다.

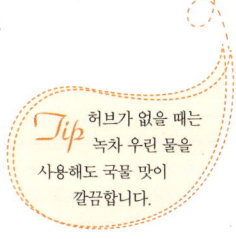

Tip 허브가 없을 때는
녹차 우린 물을
사용해도 국물 맛이
깔끔합니다.

타니타 식당 통신

햄, 어묵, 맛살 등 가공식품의 식품첨가물을 줄이는 조리법을 몇 가지 알려드릴게요. 우선 햄이나 소시지, 베이컨 같은 육가공품에는 아질산나트륨이라는 발색제가 들어갑니다. 아질산나트륨은 요리하기 전에 끓는 물에 한 번 데치면 어느 정도 줄일 수 있습니다. 어묵은 시간이 지날수록 기름의 산패가 진행됩니다. 끓는 물에 데치면 어묵의 맛이 줄어드니 미지근한 물에 5분 정도 담갔다가 헹군 후 조리합니다. 단무지에는 색소나 감미료가 첨가되기 때문에 찬물에 5분 정도 담갔다가 사용합니다.

장을 깨끗하게 만드는
탄두리 치킨 정식

돼지고기 스프
17kcal

배추 절임
11kcal

446kcal
염분 3.8g

고야두부와 곤약 조림
90kcal

탄두리 치킨
168kcal

　　　　　오늘의 메인 음식은 인도 분위기가 물씬 풍기는 탄
두리 치킨입니다. 탄두리 치킨은 닭고기를 여러 가지 향신료와 요구르트에
재어두었다가 탄두르라 불리는 점토로 만든 원형 오븐에 구워 먹는 인도 요
리입니다.
카레의 매운 향을 잡아주면서 탄두리 치킨의 담백한 풍미를 완성하는 요구르
트에는 재미있는 일화가 있습니다. 프랑스의 국왕 프랑수아 1세는 원인 모를
속병으로 고생하던 차에 친구인 터키 왕에게 도움을 청했습니다. 터키 왕은
프랑수아 1세에게 어떤 음식을 보냈고, 이 음식을 꾸준히 먹은 국왕은 병이
씻은 듯이 나았다고 합니다. 국왕의 병을 고친 '신통한 약'으로 통했던 음식,
터키 왕이 선물한 음식이 바로 '요구르트'였습니다.
우유에 유산균을 넣어 발효시킨 요구르트는 완전식품인 우유의 영향을 그대
로 가지고 있습니다. 뼈와 치아 건강을 돕는 칼슘은 100그램 당 39
밀리그램, 혈압을 조절하는 칼륨은 130밀리그
램 들어 있습니다. 요구르트에는 우유에 없는
유산균이 풍부합니다. 유산균은 장 속에서 유익한
균인 비피더스균을 증가시키고 부패균과 식중독균 등
유해균을 감소시켜 설사와 변비를 예방합니다.

탄두리 치킨

주재료 닭다리살 100g 2덩어리, 양배추 1장, 무순 1/5팩, 빵가루 3큰술, 파슬리 가루 약간
소스 플레인 요구르트 3큰술, 케첩 1큰술, 간장 1/2큰술, 갈은 마늘 약간, 후추 약간, 고수 약간,
카레 가루 1/2작은술, 치킨 스톡 약간

Tip
빵가루는 사지 말고 남은
식빵으로 만들어보세요.
식빵을 실온에 꺼내두면 수분이
날아가면서 딱딱해집니다.
이걸 믹서 갈아주면
빵가루가 됩니다.

❶ 닭다리살은 소스에 3시간 이상 재어둔다.

❷ 양배추는 채 썰고, 무순은 절반 길이로 자른다.

❸ 닭다리살에 소스가 배어들면 빵가루를 앞뒤로 뿌리고,
예열한 오븐에 종이 호일을 깔고 10~15분 정도 굽는다

❹ 접시에 닭다리살을 담고 파슬리 가루를 뿌린 다음, 양배추와 무순을 잘 섞어서 곁들인다.

고야두부와 곤약 조림

주재료 고야두부(또는 얼린 두부) 1모, 곤약 1/6모, 당근 4cm, 연근 2cm,
가쓰오부시 육수 200cc
조림 양념 설탕 1작은술, 술 1작은술, 소금 약간, 간장 1/2큰술

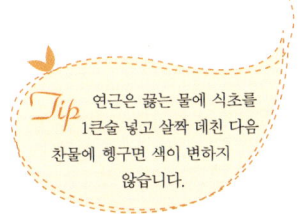

Tip 연근은 끓는 물에 식초를
1큰술 넣고 살짝 데친 다음
찬물에 헹구면 색이 변하지
않습니다.

❶ 고야두부는 물에 담가 불린 다음 물기를 짜고 얇게 직사각형 모양으로 자른다(얼린 두부를
사용할 때는 실온에서 해동한 다음 자른다).
❷ 곤약도 같은 모양으로 자른 다음 끓는 물에 데쳐서 떫은맛은 제거한다.
❸ 당근은 부채꼴 모양으로 자르고, 연근은 대강 자른다.
❹ 냄비에 가쓰오부시 육수와 조림 양념을 넣고 강한 불에서 끓이다가
고야두부, 곤약, 당근, 연근을 넣고 10~15분 정도 조린다.

배추 절임

주재료 배추 1/2장, 오이 1/5개, 소금 약간, 쓰유(3배 농축) 1작은술

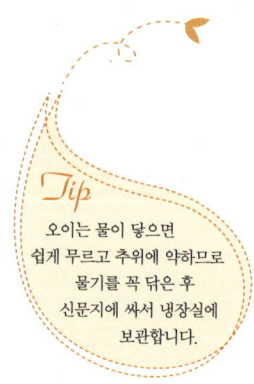

Tip
오이는 물이 닿으면
쉽게 무르고 추위에 약하므로
물기를 꼭 닦은 후
신문지에 싸서 냉장실에
보관합니다.

❶ 배추는 4센티미터 길이로 자른 다음 채 썬다.
❷ 오이도 채 썰고 배추와 함께 소금을 뿌려둔 뒤 물기를 뺀다.
❸ 배추와 오이를 쓰유로 무친다.

17kcal
염분 0.9g

돼지고기 스프

주재료 돼지고기 등심(채 썬 것) 10g, 대파 5cm, 소송채(또는 청경채) 1/10단, 양파 1/4개, 다진 마늘 약간, 다진 생강 약간, 청주 1큰술, 다시마 육수 300cc, 소금과 후추 약간

❶ 돼지고기는 폭 1센티미터로 자른다.

❷ 대파는 길게 반으로 자른 다음 얇게 어슷어슷 썰고, 소송채는 3센티미터로 잘라서 끓는 물에 살짝 데친 다음 물기를 짜서 그릇에 담는다.

❸ 양파는 얇게 채 썬다.

❹ 냄비에 다시마 육수를 끓이다가 대파, 양파, 돼지고기를 넣고 끓인다.

❺ 다진 마늘과 생강, 청주를 넣고 끓이다가 소금과 후추로 간을 맞춘 다음 그릇에 붓는다.

타니타 식당통신

샐러드에 빠질 수 없는 '드레싱(dressing)'은 '드레스(dress)'에서 유래한 말입니다. 샐러드에 소스를 뿌렸을 때 흘러내리는 모양이 드레스 어깨끈이 스르르 흘러내리는 모양과 닮았다고 해서 붙여진 이름이라고 합니다. 요리에 옷을 입힌다는 의미로 해석할 수도 있을 것 같습니다. 체중 감량을 위해 샐러드를 열심히 먹는 사람들이 많아졌지만, 드레싱을 잘못 선택하면 헛일입니다. 마요네즈보다는 플레인 요구르트나 간장 또는 식초가 기본이 되는 드레싱을 선택하고, 드레싱은 최소한 적게 먹도록 합니다. 샐러드를 먹을 때는 가급적 드레싱 맛보다는 야채 본연의 맛을 음미하며 먹도록 노력해보세요.

원기 보충! 저칼로리 영양식

삼치와 코티지치즈
구이 정식

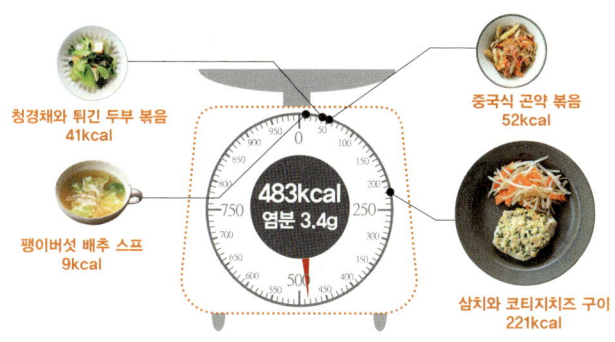

청경채와 튀긴 두부 볶음
41kcal

중국식 곤약 볶음
52kcal

483kcal
염분 3.4g

팽이버섯 배추 스프
9kcal

삼치와 코티지치즈 구이
221kcal

치즈는 우연히 발견된 식품입니다. 고대 아라비아의 '카나나'라는 이름의 상인이 양의 위를 건조해 만든 물주머니에 염소의 젖을 채워 여행을 떠났다고 합니다. 밤이 되어 물주머니를 열어보니 염소 젖이 흰 덩어리와 하얀 물로 바뀌어 있었습니다. 카나나는 "이런 벌써 상한거야!"라고 투덜대며 흰 덩어리를 집어 먹었는데요. 웬걸, 맛이 너무 좋았더랍니다. 동물의 위장에 있는 '레닌'이라는 단백질 응고 효소가 우유를 단백질과 유청으로 분리한 것입니다. 고소하고 짭조름한 맛으로 남녀노소에게 사랑 받는 치즈는 이렇게 발견되었습니다.

치즈는 단백질과 지방, 칼슘이 풍부한 영양식입니다. 제조할 때 숙성 과정을 거치기 때문에 소화가 잘 되고 유산균도 풍부합니다. 치즈 100그램에는 칼슘이 600밀리그램 이상 들어 있어, 성장기 어린이와 골다공증 환자에게 특히 좋습니다. 또 지방 연소를 촉진하는 비타민B가 풍부해서 다이어트에도 효과적입니다. 치즈는 와인 안주로도 인기가 있습니다. 치즈가 와인의 떫은맛을 중화시켜주고 알코올 분해를 촉진하기 때문입니다.

오늘은 치즈 중에서도 지방과 염분 함유량이 거의 없어 '보디빌더의 치즈'라고 불리는 코티지치즈로 염분 걱정, 칼로리 걱정이 없으면서 맛있는 다이어트식을 만들어보겠습니다.

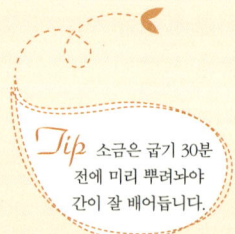

삼치와 코티지치즈 구이

주재료 삼치 90g 2덩어리, 쪽파 2뿌리, 당근 2cm, 숙주 1/2팩,
코티지치즈 5큰술, 간장 2/3작은술, 기름 1/2작은술, 소금과 후추 약간

Tip 소금은 굽기 30분
전에 미리 뿌려놔야
간이 잘 배어듭니다.

❶ 삼치에 소금과 후추를 뿌려둔다.
❷ 쪽파는 송송 썰고, 당근은 얇게 썬다.
❸ 코티지치즈(코티지치즈를 직접 만드는 방법은 229쪽 참조)와 간장, 쪽파를 섞어서
삼치 위에 얹는다.
❹ 예열한 오븐에 종이 호일을 깔고 삼치를 10~15분 정도 굽는다.
❺ 강한 불 위에 올린 프라이팬에 기름을 두르고 가열한 다음,
숙주와 당근을 살짝 볶다가 소금과 후추로 간을 맞춘다.
❻ 접시에 삼치와 볶은 야채를 담는다.

중국식 곤약 볶음

주재료 실곤약 1/4봉지, 말린 표고버섯 1장, 당근 4cm, 삶은 죽순 40g,
영 콘(캔) 8개, 기름 1/2작은술, 마른 새우 약간

양념 말린 표고버섯 불린 물 10cc, 굴소스 1작은술,
간장 1/2큰술, 설탕 1/2작은술, 술 1작은술

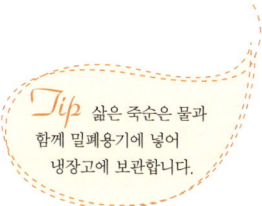

Tip 삶은 죽순은 물과
함께 밀폐용기에 넣어
냉장고에 보관합니다.

❶ 실곤약은 대강 잘라서 끓는 물에 살짝 데쳐 떫은맛을 없앤다.

❷ 말린 표고버섯은 물에 담가 불린 다음 얇게 썰고, 버섯을 불렸던 물은 따로 잘 보관한다.

❸ 당근과 죽순은 얇은 직사각형 모양으로 자르고 영 콘은 어슷하게 자른다.

❹ 중불에 올린 냄비에 기름을 둘러 가열한 다음 실곤약의 물기가 살짝 사라질 정도로 볶는다.

❺ 말린 표고버섯, 당근, 죽순, 영 콘을 마저 넣어 볶다가
말린 표고버섯 불린 물과 양념을 넣고 더 볶는다.

❻ 잠시 뒤 불을 끄고 마른 새우를 넣는다.

청경채와 튀긴 두부 볶음

주재료 청경채 1개, 아게다시 두부(또는 튀긴 두부) 1/10팩, 생강 약간, 굴소스 1큰술

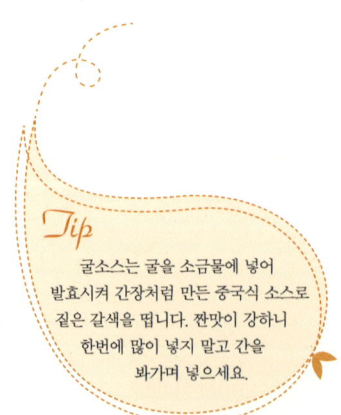

Tip

굴소스는 굴을 소금물에 넣어
발효시켜 간장처럼 만든 중국식 소스로
짙은 갈색을 띕니다. 짠맛이 강하니
한번에 많이 넣지 말고 간을
봐가며 넣으세요.

❶ 청경채는 길이 3센티미터로 잘라서 데친다.

❷ 생강은 채 썬다.

❸ 아게다시 두부(아게다시 두부를 직접 만드는 방법은 71쪽 참조)는 한입 크기로 잘라서 끓는 물에 데친다.

❹ 강한 불에 프라이팬을 올려 기름을 약간 두르고 청경채, 아게다시 두부, 생강, 굴소스를 넣고 볶는다.

9kcal
염분 0.9g

산뜻한 팽이버섯과 배추 스프

주재료 팽이버섯 1/5팩, 배추 1/3장, 치킨 스톡 약간,
후추 약간, 식초 1작은술, 간장 1/3작은술

❶ 팽이버섯은 절반 길이로 자른 뒤 잘 뜯어둔다.
❷ 배추는 길이 4센티미터 정도로 자른다.
❸ 냄비에 물 두 컵을 넣고 끓이다가 치킨 스톡을 넣는다.
❹ 배추와 팽이버섯을 넣고 끓이다가 간장으로 간을 하고
마지막에 식초와 후추를 넣어 마무리한다.

Tip 국물 요리 마지막에
식초를 넣으면 국물 맛이
산뜻하고 깔끔합니다.

 타니타 식당통신

코티지치즈는 유통기한이 짧아서 시중에서 구하기 어려울 수도 있어요. 이때는 집에서 간단하게 우유
로 만들어 봅니다. 치즈를 만들 때 생기는 수분(유청)은 버리지 말고 따로 보관해두었다가 카레 등에 넣
어도 좋습니다.
1. 저지방 우유 200밀리리터를 데운 다음 식초 또는 레몬즙 1큰술을 넣습니다.
2. 뭉글뭉글 덩어리와 액체가 분리되면 면보자기로 물기를 걸러냅니다.

요리 맛은 살리고
칼로리는 낮춘 소스

요리에 자주 사용되는 소스는 미리 만들어두면 요리 시간을 단축시킬 수 있고, 소스가 숙성되어서 맛도 더 좋아집니다. 쉽게 만들어두었다가 고기, 생선, 야채에 다양하게 활용할 수 있는 소스 레시피를 공개합니다.

시금치 소스
담백한 생선이나 닭가슴살 요리 등과 함께 먹으면 좋습니다.

재료 시금치 1단, 양파 1/4개, 버터 1/2큰술, 밀가루 2큰술,
치킨 스톡 3/4작은술, 우유 1.5컵, 소금과 후추 약간

❶ 시금치는 살짝 데쳐서 다진다.
❷ 강한 불로 달군 냄비에 버터를 녹인 다음, 다진 양파를 넣고 중불에서 볶는다.
❸ 양파가 투명해질 정도로 익으면 밀가루를 조금씩 넣어가며 중불과 강한 불의 중간쯤에서 눌어붙지 않게 주의하며 볶는다.
❹ 우유를 조금씩 넣어가며 밀가루가 덩어리 지지 않도록 젓는다.
❺ 소금과 후추, 치킨 스톡, 시금치를 넣고 가볍게 끓여 완성한다.

양파 소스
구운 고기나 생선에 뿌려 먹으면 맛이 좋은 만능 소스입니다.

재료 갈은 양파 1개, 갈은 생강 1큰술, 식초 2큰술, 간장 2큰술,
설탕 1큰술, 맛술 1큰술, 통후추 약간

❶ 갈은 양파와 갈은 생강에 식초, 간장, 맛술을 넣은 다음, 설탕을 넣고 잘 섞는다.
❷ 재료들을 냄비에 모두 넣고 조린다.
❸ 마지막에 통후추를 넣고 간을 맞춘다.

야채 소스

그릴에 구운 닭고기나 생선에 곁들이면 산뜻합니다.

재료 홀 토마토(캔) 200g, 셀러리(줄기) 1/2개, 양파 1개,
마늘 1조각, 올리브유 1/2큰술, 간장 1큰술,
발사믹 식초 1큰술, 바질 가루 약간, 후추 약간

❶ 홀 토마토, 셀러리, 양파는 사방 1센티미터 크기로 썰고,
마늘은 다진다.
❷ 마늘을 중불에서 올리브유와 함께 먼저 볶다가 향이 나기
시작하면 셀러리와 양파를 넣는다.
❸ 재료들이 어느 정도 익으면 간장, 발사믹 식초를 넣고 한차례
보글보글 끓인 다음, 홀 토마토와 바질 가루, 후추를 넣고
한소끔 더 끓인다.

살사 소스

매콤하면서 깔끔한 맛 때문에 고기 요리에 잘 어울립니다.

재료 토마토 1개, 양파 1/4개, 레몬즙 1/2작은술,
타바스코 소스 약간, 파슬리 가루 약간, 소금 1/2작은술

❶ 토마토는 씨를 뺀 다음 작게 다지고, 양파도 다진다.
❷ 토마토와 양파를 레몬즙, 타바스코 소스, 파슬리 가루, 소금과
함께 섞는다.

세 번째 코스.
반찬이 필요 없는
한 그릇 요리

야채로 꽉 채운 한 그릇 요리

매콤한 두부 덮밥

오늘은 고기를 사용하지 않은 채식 덮밥입니다.
두부가 메인인 만큼 채소에 부족한 단백질을 보충하고
풍성한 양으로 포만감을 높였습니다. 마늘, 생강, 두반장을 볶아
매콤한 향을 낸 것이 맛의 비결입니다.

재료 밥 300g, 단단한 두부 2/3모, 소송채(또는 청경채) 1/3단, 마늘 약간, 생강 약간, 대파 1/2뿌리,
두반장 1/2작은술, 기름 1작은술, 녹말물 적당량
양념 케첩 1큰술, 간장 2작은술, 물 200cc, 치킨 스톡 약간, 굴소스 1/3작은술

❶ 두부는 키친타월로 눌러 물기를 닦아낸 다음 한입 크기로 자른다.

❷ 소송채는 1센티미터 길이로 잘라서 데친 다음 물기를 짜둔다.

❸ 대파는 어슷어슷 얇게 썰고, 마늘과 생강은 다진다.

❹ 중불 위에 올린 프라이팬에 기름을 둘러 가열한 다음 마늘, 생강, 대파, 두반장을 넣고
볶다가 향이 올라오기 시작하면 양념을 넣는다.

❺ 소스가 졸아들기 시작하면 소송채와 두부를 넣고 5분 정도 더 졸이다가 불을 끈다.

❻ 녹말물을 넣고 다시 불을 켜서 소스를 걸쭉하게 만든다.

❼ 그릇에 밥을 담고 그 위에 소스와 두부, 소송채를 얹어 완성한다.

국물이 끝내주는
돼지고기 김치 우동

발효식품인 김치는 비타민과 유산균이 풍부한 음식으로, 다이어트에도 도움을 주지요. 고춧가루에 들어 있는 캡사이신은 지방의 분해와 연소를 돕고, 풍부한 섬유질은 변비를 예방합니다. 또 배추와 무 등에 들어 있는 '인돌'은 암세포의 자살을 유도하는 항암 물질입니다. 맛과 건강을 챙긴 우동 한 그릇, 얼른 요리해볼까요.

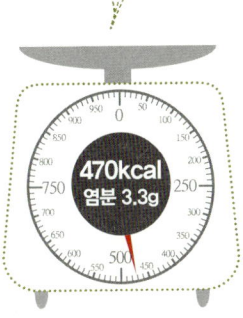

470kcal
염분 3.3g

재료 삶은 우동 250g 2덩어리, 돼지고기 뒷다리살(채 썬 것) 140g, 배추김치 80g, 대파 1/2뿌리, 쪽파 2뿌리, 우엉 1/3개, 고추장 1작은술, 설탕 1/2작은술, 다시마 육수 400cc, 참기름 1작은술, 볶은 깨 2/3작은술

양념 간장 2작은술, 맛술 1작은술, 술 1작은술

❶ 김치는 적당한 길이로 채 썬다.

❷ 대파는 어슷어슷하게, 쪽파는 송송 썬다.

❸ 우엉은 채 썬 다음 끓는 물에 살짝 데쳐서 떫은맛을 제거한다.

❹ 채 썬 돼지고기는 고추장과 설탕으로 조물조물 버무려둔다.

❺ 냄비에 다시마 육수와 양념을 넣고 끓인다.

❻ 강한 불 위에 올린 프라이팬에 참기름을 두르고 가열한 다음, 돼지고기를 볶다가 대파, 우엉, 김치를 넣고 볶는다.

❼ 그릇에 삶은 우동과 돼지고기 등 볶은 건더기를 담은 다음, 국물을 붓고 쪽파와 깨를 뿌려서 마무리한다.

One Dish

옥수수가 톡톡 씹히는
토마토 드라이 카레

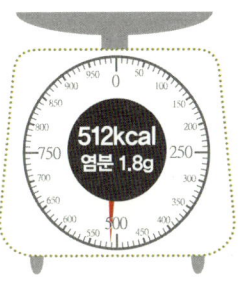

갈은 고기에는 의외로 지방이 많습니다.
그래서 이번에는 식용유를 사용하지 않고 볶아보겠습니다.
만일 살코기만 이용할 경우에는 올리브유를 사용해서
볶아도 괜찮습니다.

512kcal
염분 1.8g

재료 밥 300g, 갈은 돼지고기 160g, 양파 1/3개, 마늘 약간, 당근 4cm, 카레 가루 3작은술,
밀가루 1작은술, 레드와인 2작은술, 홀 토마토(캔) 140g, 월계수 1장, 옥수수(캔) 1/3컵
양념 치킨 스톡 1/2작은술, 우스터소스 1/2큰술, 케첩 1큰술.

❶ 양파, 마늘, 생강, 당근은 잘게 다진다.
❷ 프라이팬을 중불에서 가열한 다음, 갈은 돼지고기와 다진 양파, 마늘, 생강, 당근을 함께
넣고 볶는다.
❸ 재료가 전체적으로 살짝 익으면 불을 끄고 카레 가루와 밀가루를 넣고 잘 저은 뒤 레드와인을
넣고 다시 중불에서 볶는다.
❹ 으깬 홀 토마토와 양념, 월계수를 넣고 중불과 약불의 중간쯤 되는 불에서 눌어붙지 않도록
잘 저어가며 10분 정도 조린다.
❺ 완성된 요리를 그릇에 옮겨 담고 옥수수를 카레 위에 뿌린다.

매콤한 향이 입맛을 돋우는
카레 크림 스프

코코넛밀크의 감칠맛과 단맛 때문에 나이에
관계없이 많은 사람들이 좋아하는 카레맛 스프를 소개합니다.
보기와 달리 달콤하고 부드러운 맛이 나는 스프입니다.
빵을 곁들이면 브런치로도 손색없습니다.

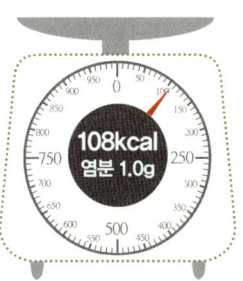

108kcal
염분 1.0g

재료 양파 1/4개, 피망 1개, 당근 3cm, 옥수수(캔) 20g, 치킨 스톡 약간, 월계수 1장,
코코넛밀크 100cc, 카레 가루 1/3작은술, 소금과 후추 약간

❶ 양파와 피망은 얇게 썰고 당근은 얇은 직사각형 모양으로 자른다.

❷ 옥수수는 물기를 빼둔다.

❸ 냄비에 물 140cc를 붓고 끓이다가 치킨 스톡, 양파, 당근, 피망, 옥수수, 월계수를 넣고
끓인다.

❹ 카레 가루, 코코넛밀크, 소금과 후추로 간을 맞춘다.

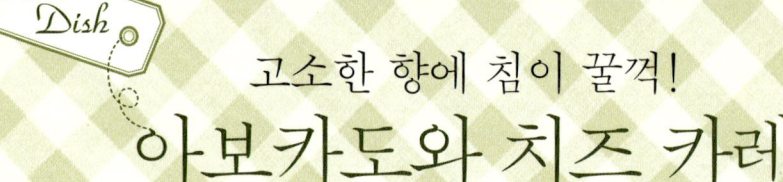

고소한 향에 침이 꿀꺽!
아보카도와 치즈 카레

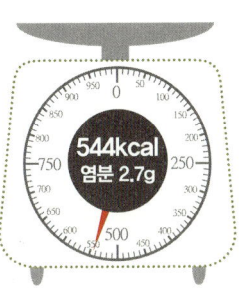

영양가가 높아 '숲의 버터'라 부르는
아보카도를 요리에 넣으면 버터를 사용한 듯한 효과가 납니다.
아보카도는 항산화 성분이 풍부해 노화를 방지해줍니다.
칼로리가 높은 아보카도를 사용한 만큼 치즈는 코티지치즈를
사용해서 칼로리를 낮췄습니다.

544kcal
염분 2.7g

재료 밥 300g, 닭가슴살 120g, 양파 1/4개, 브로콜리 1/5개, 아보카도 1/2개, 마늘 약간,
생강 약간, 홀 토마토(캔) 120g, 코티지치즈 4큰술, 월계수 적당량, 카레 가루 40g,
기름 1작은술, 물 120cc

❶ 닭가슴살은 한입 크기로 자르고 양파는 채 썬다.

❷ 브로콜리는 작은 가지들을 한 개씩 잘 떼어내고, 아보카도는 얇게 자른다.

❸ 마늘과 생강은 다진다.

❹ 강한 불 위에 올린 냄비에 기름을 두르고 가열한 다음, 마늘과 생강을 넣고 향이 나기
시작하면 닭가슴살을 넣고 익을 때까지 볶는다.

❺ 양파를 넣고 부드러워질 때까지 볶다가 으깬 홀 토마토, 월계수, 물을 넣고 10분 정도
끓인다.

❻ 브로콜리를 마저 넣고 5분 정도 끓이다가 카레 가루를 넣고 잘 섞는다.

❼ 완성된 카레를 그릇에 담고 준비한 아보카도와 코티지치즈를 얹는다.

One Dish

매실향이 솔솔 풍기는
닭고기 덮밥

오늘은 매실향이 솔솔 풍기는 요리입니다. 매실은 고기의 육질을 연하게 하고 특유의 상큼한 맛으로 식욕을 돋우지요. 또 유기산이 풍부해서 소화 효소의 분비를 촉진합니다. 오늘 요리는 불 조절에 유의하면서 닭고기를 정성껏 굽는 것이 관건입니다.

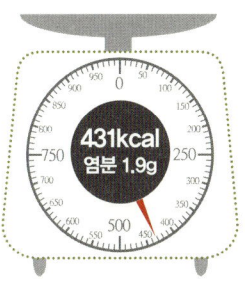

431kcal 염분 1.9g

재료 밥 300g, 닭다리살 200g, 양상추 3장, 깻잎 2장, 양파 1/3개, 기름 1작은술
고기 양념 (으깬)우메보시 큰 것 1개, 간장 2작은술, 미소 된장 1/2큰술, 설탕 1작은술, 밀가루 2작은술

① 양상추는 한입 크기로 찢고, 깻잎과 양파는 채 썬다.
② 닭다리살은 한입 크기로 잘라서 고기 양념에 재워둔다.
③ 강한 불 위에 올린 냄비에 기름을 두르고 가열한 다음, 양파를 넣고 부드러워질 때가지 볶는다.
④ 중불로 바꾼 다음 닭다리살을 넣고 익을 때까지 볶는다.
⑤ 그릇에 밥, 양상추, 볶은 고기를 얹은 뒤 깻잎을 올려 마무리한다.

꽁꽁 얼어붙은 마음도 녹여주는

밀크 포타주

서양요리의 기본이 되는 스프는 맑은 국물의
'콩소메(consomme)'와 우유와 크림 등을 넣어 걸쭉하게 만든
'포타주(portage)'로 나눌 수 있어요. 오늘은 생크림 대신 우유를 사용해서
산뜻한 맛을 낸 포타주입니다. 재료와 만드는 방법도 간단해서
아침식사로 추천할 만한 메뉴입니다.

53kcal
염분 0.8g

재료 양파 1/5개, 감자 1/5개, 버터 1/2작은술, 치킨 스톡 약간, 우유 80cc, 후추 약간,
파슬리 가루 적당량

❶ 양파와 감자는 얇게 썬다.

❷ 냄비에 버터를 넣고 양파와 감자를 볶는다.

❸ 양파가 익어서 투명해지면 물 두 컵을 넣고 끓이다가 치킨 스톡과 월계수를 넣는다.

❹ 감자가 부드러워지면 월계수를 제외하고 재료를 믹서에 넣고 간다.

❺ 갈은 재료들은 다시 냄비에 넣고 우유를 부은 다음, 약불에서 국물이 걸쭉해질 때까지
끓인다. 마지막으로 후추를 넣고 불을 끈다.

❻ 완성된 스프는 그릇에 담고 파슬리 가루를 뿌린다.

오독오독 견과류가 씹히는

오키나와식 타코 라이스

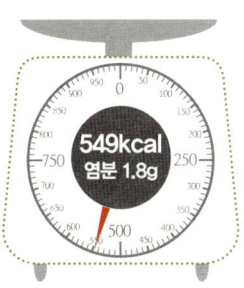

아삭아삭한 씹히는 맛이 일품인 양상추와 매콤한 고기가
식욕을 돋우는 타코 라이스를 소개합니다. 타코 라이스는
멕시코 요리인 '타코'를 동양인의 입맛에 맞게 변형시킨
오키나와 요리입니다. 캐슈너트의 고소한 향이
이 요리의 포인트입니다.

549kcal
염분 1.8g

재료 밥 300g, 갈은 돼지고기 120g, 양파 1/2개, 마늘 약간, 토마토 1/3개, 슬라이스 치즈 40g,
양상추 3장, 무순 1/5팩, 캐슈너트 2알, 기름 1/4작은술
양념 치킨 스톡 1작은술, 고춧가루 약간, 오레가노 약간, 육두구 약간, 소금과 후추 약간,
홀 토마토(캔) 30g

❶ 양파와 마늘, 캐슈너트는 잘게 다지고, 토마토와 슬라이스 치즈는 깍둑 썰기한다.
❷ 양상추는 대강 썰고, 무순은 반으로 자른다.
❸ 강한 불 위에 올린 프라이팬에 기름을 두르고 가열한 다음, 마늘과 양파를 볶다가
갈은 돼지고기를 넣고 볶는다.
❹ 양념을 넣고 5분 정도 볶다가 조려서 소스를 만든다.
❺ 그릇에 밥을 먼저 담고 그 위에 양상추, 소스, 토마토, 슬라이스 치즈, 캐슈너트, 무순을
순서대로 차곡차곡 쌓아 장식한다.

언제 먹어도 질리지 않는 소박한 맛

대두 드라이 카레

대두에 들어 있는 단백질은 혈관을 깨끗하게 만들고,
불필요한 염분을 배출하는 기능을 합니다.
대두를 카레에 넣으면 맛이 순해지는 효과도 있습니다.

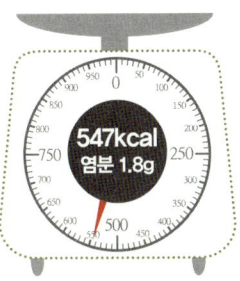

547kcal
염분 1.8g

재료 밥 300g, 갈은 돼지고기 140g, 삶은 대두 1컵, 양파 1/2개, 피망 2/3개, 당근 2cm,
마늘 약간, 생강 약간, 카레 가루 1큰술

양념 소금 약간, 우스터 소스 1/2큰술, 케첩 2작은술, 후추 약간, 육두구 약간, 월계수 1장,
치킨 스톡 1/2작은술

❶ 대두와 야채를 잘게 다진다.
❷ 양파, 마늘, 생강은 다진다.
❸ 프라이팬을 중불에서 가열한 다음 갈은 돼지고기와 마늘, 생강, 양파를 넣고 볶는다.
❹ 당근과 피망을 마저 넣고 볶다가 대두를 넣고 볶는다.
❺ 카레 가루를 넣고 볶다가 양념을 넣고
10분 정도 눌어붙지 않도록 주의하며 조린다.

건강한 속임수
두부 카레 덮밥

두부를 넣어 고기를 적게 넣고도 푸짐해 보이는
덮밥을 요리해볼 텐데요 두부의 물기를 꼭 짜서 고슬고슬한 맛과
식감을 살리는 것이 포인트입니다. 완두콩은 색의 배합을 위해
넣은 것이니 냉장고에 있는 초록 빛깔의 다른 채소를
넣어도 상관없습니다.

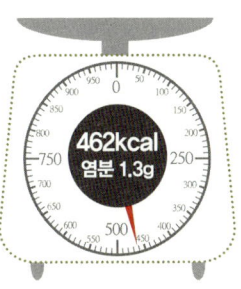

462kcal
염분 1.3g

재료 밥 300g, 갈은 닭고기 120g, 단단한 두부 1/2모, 말린 표고버섯 2장, 당근 4cm,
대파 1/3뿌리, 데친 완두콩 15알, 계란 1/3개, 기름 1/2작은술

양념 카레 가루 1작은술, 설탕 1작은술, 간장 1큰술

❶ 두부는 물기를 꼭 짜둔다.

❷ 말린 표고버섯은 물에 담가 불린 뒤 얇게 썰고, 당근은 대강 다지고 대파는 송송 썬다.

❸ 냄비에 기름을 넣고 강한 불에서 달군 다음 갈은 닭고기를 넣고 볶다가
재료가 어느 정도 익으면 표고버섯과 당근을 넣는다.

❹ 야채가 익으면 대파를 넣는다.

❺ 두부를 으깨가며 넣고 카레 가루, 설탕, 간장으로 양념한 다음 볶는다.

❻ 재료가 익으면 계란을 풀어 넣고 재빨리 젓는다.

❼ 그릇에 밥과 준비한 재료를 얹고 완두콩으로 장식한다.

쫄깃쫄깃 달콤한

닭가슴살과 버섯 카레

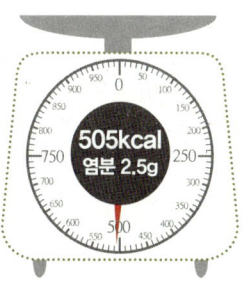

버섯은 칼로리가 낮고 식감도 뛰어난 식품이죠.
닭가슴살은 카레에 넣으면 의외로 맛이 좋습니다.
호박과 푸룬을 넣어 닭고기에 부족한
비타민과 미네랄 균형까지 맞춘 영양 만점 카레입니다.

505kcal
염분 2.5g

재료 밥 300g, 닭가슴살 140g, 단호박 60g, 양파 1/4개, 프룬 2개, 느타리버섯 1/2팩,
그린 빈 6개, 마늘 1톨, 생강 약간, 홀 토마토(캔) 120g, 월계수 1장, 카레 가루 40g,
기름 3/4작은술, 물 120cc

❶ 닭가슴살과 호박은 한입 크기로, 양파는 얇게 채 썬다.

❷ 프룬은 1/4 크기로 자르고 느타리버섯은 한 가닥씩 떼어낸다.

❸ 그린 빈은 1/3 크기로 잘라서 살짝 데치고, 마늘과 생강은 다진다.

❹ 강한 불 위에 올린 냄비에 기름을 두르고 가열한 다음, 마늘과 생강을 볶는다.

❺ 양파를 마저 넣고 볶다가 기름이 돌기 시작하면 닭가슴살을 넣고 볶는다.

❻ 프룬과 으깬 홀 토마토, 월계수, 물을 넣고 조린다.

❼ 단호박, 느타리버섯, 그린 빈을 넣고 중불에서 10~15분 정도 끓이다가
카레 가루를 넣고 더 조린다.

보드라운 달걀이 면을 감싸는
파와 버섯 우동

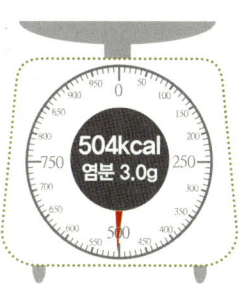

두부와 달걀을 넣어 위에 부담 없는 우동을 만들어보겠습니다.
보들보들한 달걀이 면을 감싸는 맛이 일품이지요.
국물을 걸쭉하게 만들었기 때문에 육류를 넣지 않아도
포만감이 느껴집니다.

504kcal
염분 3.0g

재료 삶은 우동 250g 2덩어리, 팽이버섯 1팩, 단단한 두부 1/5모, 쪽파 4뿌리, 대파 1/2뿌리,
말린 표고버섯 1장, 가쓰오부시 육수 400cc, 소금 2/3작은술, 간장 1/2큰술, 녹말물 적당량,
달걀 1개, 참기름 3/4작은술

❶ 팽이버섯은 절반 길이로 자른다.
❷ 두부는 키친타월로 물기를 닦아낸 다음, 한입 크기로 자른다.
❸ 말린 표고버섯은 물에 불린 다음 얇게 자른다.
❹ 쪽파는 세 뿌리를 길이 3센티미터로 자르고, 나머지 한 뿌리는 송송 썰어둔다.
❺ 대파는 길게 절반으로 자른 다음, 3센티미터 정도 길이로 썬다.
❻ 냄비에 가쓰오부시 육수를 끓이다가 소금과 후추로 간을 하고 불을 끈다.
　녹말물을 넣고, 다시 불을 켜서 국물을 걸쭉하게 만든다.
❼ 달걀을 풀어서 국물에 골고루 잘 붓고, 3센티미터로 자른 쪽파를 넣는다.
❽ 다른 냄비에 참기름을 넣고 중불에서 가열한 다음 팽이버섯, 두부, 대파, 표고버섯을 볶는다.
❾ 그릇에 삶은 우동과 볶은 버섯 등을 담고 국물을 부은 다음,
　송송 썬 쪽파를 뿌려 마무리한다.

"먹어 봐요. 뽀빠이!"

시금치 드라이 카레

아삭아삭 씹히는 맛이 일품인 시금치 드라이카레는
카로틴, 비타민, 철분이 풍부한 건강한 카레입니다.
시금치가 뭉개지면 맛이 없으니
따로 데쳐서 마지막에 넣습니다.

479kcal
염분 2.0g

재료 밥 300g, 갈은 돼지고기 120g, 시금치 1/2단, 양파 1/2개, 마늘과 생강 약간, 카레 가루 2큰술

양념 홀 토마토(캔) 160g, 월계수 1장, 치킨 스톡 1/2작은술, 케첩 4작은술, 소금 약간, 건포도 약간,
카레 가루 1/2작은술, 가람 마살라(후추, 고수, 커민 등이 섞인 인도의 혼합 향신료) 약간

❶ 시금치는 끓는 물에 1~2분 정도 데친 다음 물기를 짜내고 잘게 썬다.

❷ 양파, 마늘, 생강은 다진다.

❸ 프라이팬을 중불에서 가열한 다음 갈은 돼지고기, 양파, 마늘, 생강을 볶는다.

❹ 재료가 어느 정도 익으면 카레 가루를 넣고 약한 불에서 향이 날 때까지 볶는다.

❺ 양념을 넣고 눌어붙지 않도록 잘 저으면서 10분 정도 조리다가 마지막에
시금치를 넣고 살짝 더 조린 뒤 마무리한다.

바다가 생각나는 따끈한 스프

야채 해산물 차우더

우유와 해산물을 넣어 끓인 스프를 차우더라고 합니다.
요리하고 남아 있는 야채와 해물 등을 처리하기에도 좋은 스프입니다.
저지방 우유를 사용해 칼로리도 낮고, 해산물을 넣어
국물 맛이 시원합니다.

127kcal
염분 1.2g

재료 조갯살(또는 모듬 해산물) 40g, 베이컨 1/2장, 양파 1/5개, 양배추 1장, 당근 3cm,
감자 1/5개, 완두콩과 옥수수(캔) 약간, 버터 3/4작은술, 밀가루 1작은술, 저지방 우유 200cc,
치킨 스톡 1/4작은술, 소금과 후추 약간

❶ 양파, 양배추, 베이컨은 사방 1센티미터 크기로 자른다.

❷ 당근, 감자는 작게 썬다.

❸ 냄비에 버터를 넣고 중불에서 가열하다가 베이컨을 넣고 볶는다.

❹ 다음으로 양파를 넣고 투명해질 때까지 볶다가 양배추와 당근, 감자, 완두콩, 옥수수,
조갯살을 넣는다.

❺ 여기에 밀가루를 넣고 볶다가 저지방 우유와 치킨 스톡을 첨가하고 중불에서
3~5분 정도 졸인다.

❻ 소금과 후추로 간을 맞춘다.

새콤하고 시원한
김치 비빔냉면

더운 여름에는 시원하고 새콤한 냉면 한 그릇이면
더위를 잊을 수 있지요. 오늘은 김치와 야채를 풍성하게 넣은
비빔냉면을 만들어 볼 텐데요. 염분을 많이 섭취할 수 있는 비빔 양념장 대신
김치로 깔끔하게 맛을 냈습니다. 숙주, 오이, 배추김치의 아삭아삭한
식감에 기분도 상쾌해지네요.

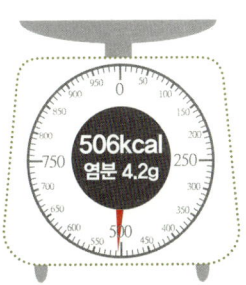

506kcal
염분 4.2g

재료 냉면 230g 2덩어리(또는 곤약면), 돼지고기 뒷다리살(채 썬 것) 100g, 숙주 1/6팩,
삶은 달걀 1개, 배추김치 40g, 토마토 1/4개, 오이 1/3개, 냉면 육수 350cc

❶ 돼지고기 뒷다리살은 얇게 채 썬 다음 간장, 설탕을 넣고 버무린다.

❷ 숙주는 끓는 물에 10초만 데친다.

❸ 삶은 달걀은 반으로 자르고, 김치는 잘게 썬다.

❹ 토마토는 반달 모양으로 자르고, 오이는 길게 절반으로 자른 다음 어슷어슷 얇게 썬다.

❺ 중불에서 양념한 돼지고기를 볶는다.

❻ 냉면은 삶아서 찬물에 헹군다.

❼ 그릇에 냉면과 준비한 재료들을 모두 담고 냉면 육수를 자박하게 붓는다.

엄마의 손맛이 생각나는
야채 우동

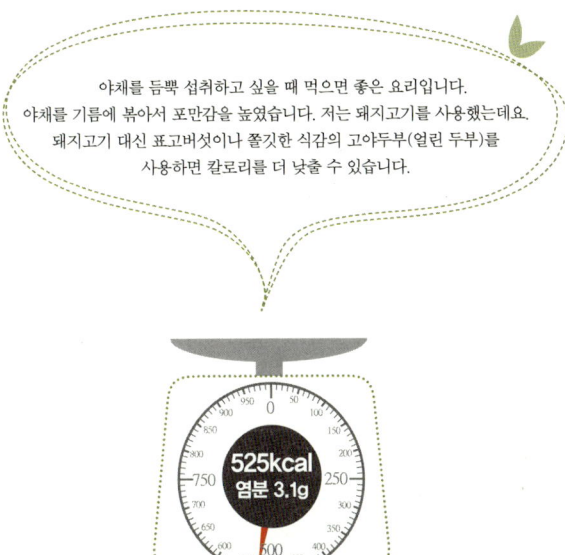

야채를 듬뿍 섭취하고 싶을 때 먹으면 좋은 요리입니다.
야채를 기름에 볶아서 포만감을 높였습니다. 저는 돼지고기를 사용했는데요.
돼지고기 대신 표고버섯이나 쫄깃한 식감의 고야두부(얼린 두부)를
사용하면 칼로리를 더 낮출 수 있습니다.

525kcal
염분 3.1g

재료 삶은 우동 250g 2덩어리, 돼지고기 뒷다리살(채 썬 것) 120g, 양배추 1장, 삶은 죽순 40g,
당근 4cm, 팽이버섯 1/5팩, 쪽파 2뿌리, 꼬투리 완두 6개, 간장 2/3작은술,
가쓰오부시 육수 360cc, 기름 3/4작은술
양념 술 2작은술, 소금 1/3작은술, 간장 1/2큰술, 후추 약간

❶ 죽순과 당근은 얇게 직사각형 모양으로 자르고 양배추는 대강 자른다.
❷ 쪽파는 송송 썬다.
❸ 팽이버섯은 절반 길이로 자른 다음 잘 뜯어놓는다. 느타리버섯도 한 가닥씩 뜯어 놓는다.
❹ 꼬투리 완두는 끓는 물에 살짝 데친다.
❺ 강한 불 위에 올린 냄비에 기름을 두르고 가열한 다음 돼지고기를 넣고 볶는다.
❻ 당근, 양배추, 죽순, 버섯을 넣고 볶다가 간장을 넣는다.
❼ 다른 냄비에 가쓰오부시 육수를 넣고 끓이다가 양념을 넣고 한소끔 끓인다.
❽ 그릇에 삶은 우동과 볶은 야채를 담고 국물을 부은 다음, 쪽파와 꼬투리 완두를
장식해 마무리한다.

더위에 잃은 입맛을 찾아주는
여름 채소로 만든 카레

여주*의 쓴맛과 오크라의 끈적임이 특징인 요리입니다.
하지만 다섯 가지 야채에 가미된 프룬의 자연스러운 단맛 덕분에
먹다보면 자꾸 먹고 싶어지는 음식이죠.
게다가 야채가 듬뿍 들어 있어 포만감이 느껴집니다.

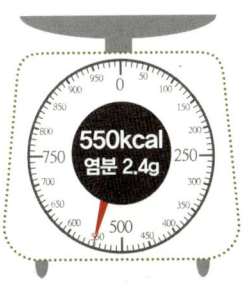

550kcal
염분 2.4g

재료 밥 300g, 갈은 돼지고기 120g, 양파 1/3개, 오크라 2개, 가지 1/2개, 여주 1/5개, 호박 100g, 프룬 2개, 마늘 약간, 생강 약간, 홀 토마토(캔) 120g, 커리 루 36g, 월계수 1장, 물 120cc

❶ 양파는 얇게 썰고, 오크라는 살짝 데쳐서 어슷하게 썬다.

❷ 가지는 작게 대강 썰고, 여주는 씨를 제거하고 얇게 저민 다음 끓는 물에 데친다.

❸ 호박은 한입 크기로, 프룬은 1/4 크기로 자른다.

❹ 마늘과 생강은 다진다.

❺ 냄비에 갈은 돼지고기를 넣고 고슬고슬 흩어질 때까지 중불에서 볶다가 생강과 마늘을 넣는다. 향이 나기 시작하면 양파, 가지, 호박을 함께 넣고 볶는다.

❻ 물, 으깬 홀 토마토, 월계수, 프룬을 넣고 중불에서 10~15분 정도 조린다.

❼ 재료가 전체적으로 익으면 카레 가루를 넣고 조린다.

❽ 완성된 카레를 그릇에 담고, 손질해둔 여주와 오크라를 올려 장식한다.

* 여주는 표면에 오돌토돌한 요철이 있는 조롱박과의 식물로 '쓴오이'라고 부르기도 합니다. 여주의 쓴맛은 '지방 킬러'라고 불리며 혈중 지방을 감소시킵니다. 또 인슐린을 다량 함유하고 있어 '식물 인슐린'으로 불릴 만큼 혈 당을 낮추는 데 효능이 있습니다.

남은 야채로 만드는 이탈리아 가정식
미네스트로네

야채와 토마토로 맛을 낸 스프를 이탈리아에서는
'미네스트로네'라고 합니다. 매우 간단하고 빠르게 만들 수 있는
일품요리지요. 초스피드로 만들고 싶다면 재료들을 한 번에
다 넣고 끓이면 됩니다.

68kcal
염분 1.3g

재료 베이컨 1장, 아스파라거스 1줄기, 홀 토마토(캔) 40g, 옥수수(캔) 20g, 월계수 1장,
치킨 스톡 약간, 버터 1/2작은술, 소금과 후추 약간

❶ 베이컨, 아스파라거스는 모두 가로세로로 1센티미터 크기로 자른다.
❷ 홀 토마토는 으깨둔다.
❸ 냄비에 물 두 컵을 넣고 치킨 스톡, 월계수, 베이컨과 아스파라거스를 넣고
재료들이 부드러워질 때까지 끓인다.
❹ 옥수수와 버터를 넣고 끓이다가 소금과 후추로 간을 맞춘다.

식재료를 남김없이 활용하기 위한 리스트

두부 반 모, 콩나물 한 줌, 시금치 반 단 등 요리책 레시피에 있는 대로 요리를 하다보면 늘 재료가 조금씩 남기 마련입니다. 남은 재료는 냉장고 깊은 곳에서 조용히 잠들어 있다가 냉장고 청소하는 날이면 "아! 여기 있었구나!" "이걸 왜 산 거지?" "입으로 들어가는 것보다 버리는 게 더 많은 것 같네"와 같은 푸념과 함께 쓰레기통으로 직행하기 십상입니다. 그래서 당근 한 토막도 버리는 일 없이 알뜰하게 활용할 수 있는 '식재료 리스트'를 준비했습니다. 오늘 두부로 요리를 했다면, 내일은 식재료 리스트에서 두부가 들어간 음식을 찾아서 남은 두부를 활용하면 됩니다.

연근

영 콘(young corn)

오이

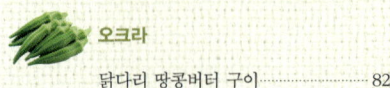

오크라

278

옮긴이 지희정 ● 인하대학교 일어일본학과를 졸업했으며, 현재 출판기획자 및 번역가로 활동 중이다. 옮긴 책으로는 『도련님』, 『배꼽 근처 나의 왕국』, 『똑똑한 아이로 키우는 아빠의 습관』, 『부의 위기』, 『시간도둑 퇴치법』, 『아직 거기에 있는 거야?』, 『세상에서 가장 재미있는 논리적 사고에 관한 레슨』 등이 있다.

타니타 직원식당

초판 1쇄 발행 | 2012년 10월 29일

지은이 | 타니타
옮긴이 | 지희정
발행인 | 정숙경
편집장 | 이원범
기획 · 편집 | 김은숙
편집 지원 | 조아라
표지 · 본문 디자인 | 강선욱
마케팅 | 안오영

펴낸곳 | 어바웃어북 about a book
출판등록 | 2010년 12월 24일 제313-2010-377호
주소 | 서울시 마포구 서교동 394-25 동양한강트레벨 1507호
전화 | (편집팀) 070-4232-6071 (영업팀) 070-4233-6070
팩스 | 02-335-6078

ⓒ 타니타, 2012

ISBN | 978-89-97382-13-2 13590

건강을 측정하는 타니타의 제품들

염도계

6303
염분 농도를 세 가지 색상을 사용해 3단계(옅은 맛, 보통 맛, 짠 맛)로 표시해 한 눈에 확인할 수 있습니다. 자동 온도 조정 기능으로 보다 정확한 염도 측정이 가능합니다. 생활 방수처리가 되어 있어 측정부를 청결하게 관리할 수 있습니다.

활동량계

AM-121E
3D 가속도 센서를 사용하여 걸음 수는 물론이고 도보 거리, 도보 시간을 비롯하여 24시간 일상에서 소비되는 에너지 소비량까지 측정이 가능합니다. 일반 클립형, 자석 클립형, 목걸이형이 있어 용도에 맞게 착용할 수 있습니다.

타이머

TD-375
조작이 간편한 버튼형으로 시계와 타이머로 동시에 사용할 수 있습니다. 99시간 99분 99초까지 장시간 설정도 가능합니다. 자석, 스탠드, 스트랩 구멍이 부착되어 있어 운동할 때나 요리할 때 용도에 맞춰 사용이 가능합니다(색상 : 실버, 블루).

체지방계

UM-041
초대형 블루 백라이트 LCD로 판독률을 높인 초슬림형 체지방계로 한 번에 체중, 체지방, 체수분률까지 측정할 수 있습니다. 개인 데이터를 최대 4명까지 저장할 수 있어 온 가족이 함께 사용할 수 있습니다.

체성분계

BC-570
체중, 체지방률, 체수분률, 근육량, 기초대사량, 내장 지방 레벨까지 측정이 가능한 체성분계입니다. 원형의 고급스러운 디자인으로 인테리어 효과까지 볼 수 있으며, 최대 4명까지 개인 데이터 저장이 가능합니다.

BC-587
전면에 강력한 강화 안전 유리를 사용해 안정감을 더한 제품으로, 최대 200kg까지 측정이 가능합니다. 측정 항목별 확인 버튼이 있어 데이터를 확인하는 것이 편리합니다. 체중, 체지방률, 체수분률, 근육량, 골량, 기초대사량, 신체 나이, 내장 지방 레벨까지 측정이 가능합니다.

BC-601
8전극 방식으로 보다 자세한 부위별 체성분 평가가 가능한 최고급 사양의 모델입니다. SD카드가 내장되어 있어 컴퓨터와 연결하여 데이터 확인 및 관리가 가능합니다. 체중, 체지방률, 체수분률, 근육량, 골량, 기초대사량, 신체 나이, 내장 지방 레벨과 추세, 일일 칼로리까지 측정이 가능합니다.

• 제품에 대한 자세한 정보 및 구매문의는 www.tanita.co.kr/www.cady.kr 또는 02)581-8151을 이용해주십시오.

몰랐다

내가 쓰던 올리고당이
설탕이 남아있는
올리고당이란 걸-

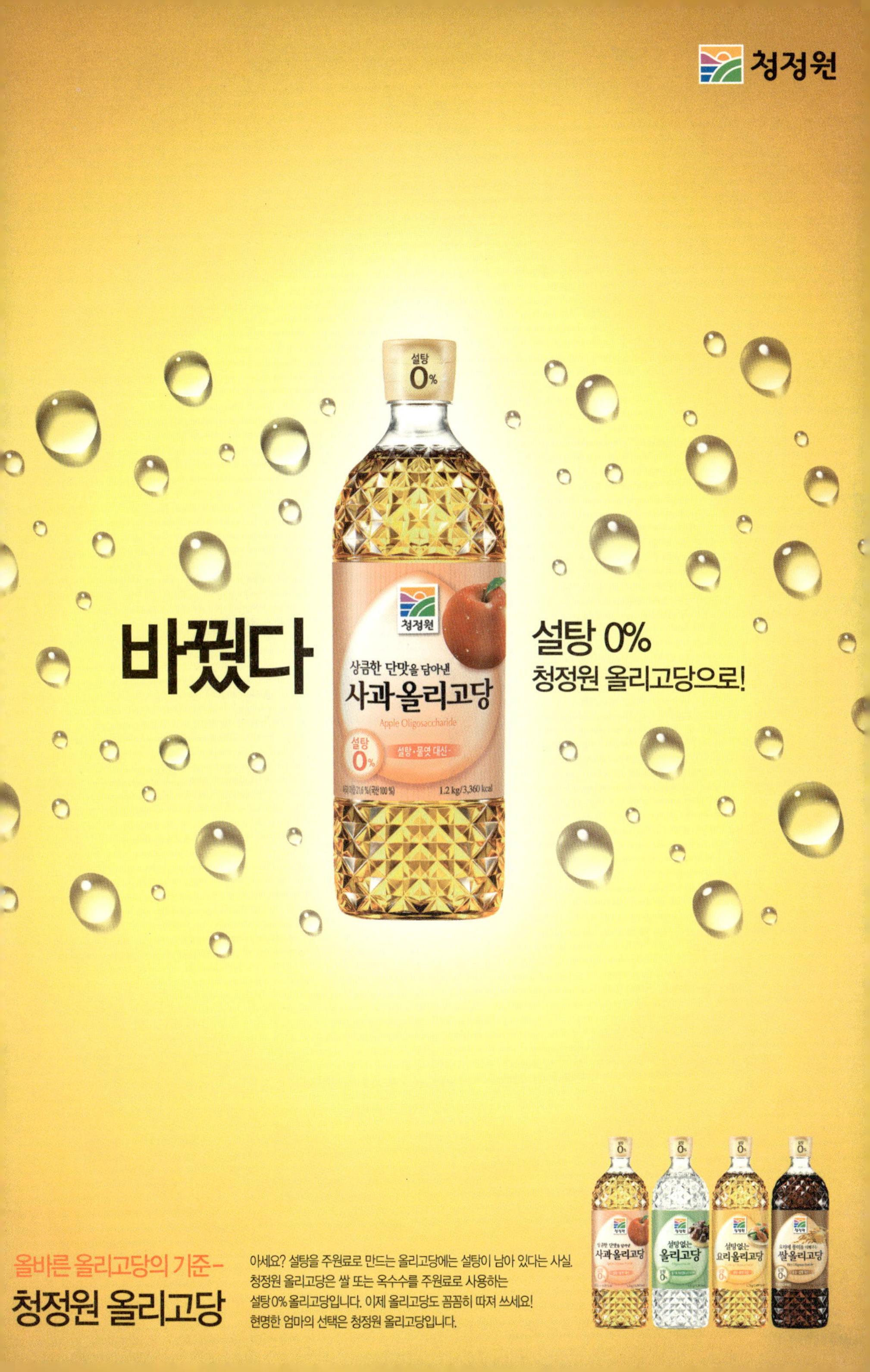

청정원

바꿨다

설탕 0%
청정원 올리고당으로!

상큼한 단맛을 담아낸
사과올리고당
Apple Oligosaccharide

올바른 올리고당의 기준-
청정원 올리고당

아세요? 설탕을 주원료로 만드는 올리고당에는 설탕이 남아 있다는 사실.
청정원 올리고당은 쌀 또는 옥수수를 주원료로 사용하는
설탕 0% 올리고당입니다. 이제 올리고당도 꼼꼼히 따져 쓰세요!
현명한 엄마의 선택은 청정원 올리고당입니다.

청정원

칼로리
(kcal)
DOWN

여우들의 시크릿 누들

뷰티칼로리면

Beauty Calorie Noodles

공식협찬제품

칼로리를 확~ 줄인   맛있는 곤약 누들

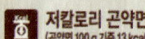 저칼로리 곤약면
(곤약면 100 g 기준 13 kcal)

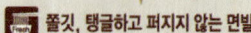 쫄깃, 탱글하고 퍼지지 않는 면발

밥 1공기의 약 1/3 kcal

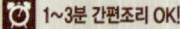 1~3분 간편조리 OK!

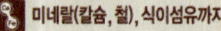 미네랄(칼슘, 철), 식이섬유까지!